U0466559

两栖战舰

田小川　刘　蕾◇主　编
韩　啸　高瑗寅　尹礼宁◇副主编

AMPHIBIOUS WARSHIP

科学普及出版社
·北　京·

图书在版编目（CIP）数据

两栖战舰 / 田小川，刘蕾主编；韩啸，高瑗寅，尹礼宁副主编. -- 北京：科学普及出版社，2024.4（2025.5 重印）

ISBN 978-7-110-10677-8

Ⅰ. ①两… Ⅱ. ①田… ②刘… ③韩… ④高… ⑤尹… Ⅲ. ①战舰—普及读物 Ⅳ. ① E925.6-49

中国国家版本馆 CIP 数据核字（2023）第 241739 号

策划编辑　韩　颖
责任编辑　彭慧元
图片主编　佟　旭
封面设计　锋尚设计
版式设计　锋尚设计
责任校对　吕传新
责任印制　徐　飞

出　　版　科学普及出版社
发　　行　中国科学技术出版社有限公司发行部
地　　址　北京市海淀区中关村南大街 16 号
邮　　编　100081
发行电话　010-62173865
传　　真　010-62173081
网　　址　http://www.cspbooks.com.cn

开　　本　710mm × 1000mm　1/16
字　　数　148 千字
印　　张　8.75
版　　次　2024 年 4 月第 1 版
印　　次　2025 年 5 月第 2 次印刷
印　　刷　北京顶佳世纪印刷有限公司
书　　号　ISBN 978-7-110-10677-8/E · 51
定　　价　75.00 元

序　言

两栖战舰艇是专为运载登陆部队及其武器装备而设计建造，支援登陆作战的水面舰艇，始见于第二次世界大战。经过几十年的发展，现已形成了一个庞大的家族，主要有两栖攻击舰、两栖船坞运输舰、两栖船坞登陆舰、两栖指挥舰、通用登陆艇、气垫登陆艇等。两栖战舰艇根据作战需求、两栖登陆作战理论，逐渐改进；随着造船技术、装备技术的发展，不断升级。大型两栖战舰为了满足登陆作战的需求，设计了船坞、机库、货舱等，因此船型多采用高干舷设计。两栖攻击舰为了便于固定翼飞机和直升机的起降，还设置了全通式飞行甲板，在右舷布置岛形建筑，具有强大的立体投送能力。两栖船坞登陆舰主要用于向岸上投送作战部队，两栖船坞运输舰主要用于运送登陆部队的辎重，气垫登陆艇增强了登陆作战的机动性和突然能力。

21世纪是海洋世纪，各国的海外贸易量都有不同程度的增长，海上运输量相应增多。围绕海洋利益的争夺愈演愈烈，许多国家加快探索和开发利用海洋空间，加紧向深海、远洋和极地进军。向深海大洋进军、维护海外利益已刻不容缓，建设强大海上力量已成为国家发展必不可少的战略支撑。与此同时，因两栖战舰艇的特性赋予其可以执行多种任务，在非战争军事行动中也可发挥重要作用，支援国内外抢险救灾、海外维和等任务越来越多。

本书遵循历史事实，图文并茂地介绍了外军两栖舰艇的发展历史、现状及特点等，以战争历史为背景，详细介绍了美、英、法、俄等主要国家两栖舰艇的研制背景、结构特点和性能参数及各级两栖舰船的状况，梳理了两栖攻击舰、两栖运输舰、两栖登陆舰以及两栖指挥舰等不同用途的两栖舰艇发展现状和特点，对经典型号的研制背景、结构特点、作战能力等内容进行了深入浅出的剖析，能够让读者比较不同舰艇的差异、详细了解各类两栖战舰艇的特性。此外，本书对美国两栖作战战略、战役、战术、指挥控制理念进行了阐述，为读者提供了大量与两栖作战指导思想相关的科普知识。

本书可供两栖舰艇装备与技术研究人员、对两栖作战及相关武器装备感兴趣的军事爱好者阅读和参考。通过阅读本书，可了解世界各国和地区海军两栖舰艇的发展思路及目前两栖舰艇的实力，对借鉴并吸收先进技术具有重要参考价值，对广大喜欢军事的青少年也有帮助。

徐青

中国工程院院士

目　录

什么是大型两栖战舰

大型两栖战舰是指以两栖作战为主要目的而建造的大型水面舰艇，随着时代的变迁，所谓的大型也是变化的，目前的大型两栖战舰公认为是排水量在1万～3万吨及以上的具有两栖作战功能和装备的舰艇。根据在两栖作战中担当的角色和基本技战术性能差异，大型两栖战舰包括两栖攻击舰、两栖船坞运输舰、两栖登陆舰、两栖指挥舰等。

大型两栖战舰

什么是两栖攻击舰

两栖攻击舰是用于支援登陆作战的大型水面舰艇，具有全通式飞行甲板、坞舱和货舱等专用设备，配备气垫登陆艇、通用登陆艇等，可运送坦克、装甲车、火炮等辎重及人员上陆；搭载固定翼飞机和直升机，可执行空中火力支援、投送装备和物资、运送陆战队员垂直登陆等任务，并且具备执行多种非战争军事行动的能力。两栖攻击舰是20世纪50年代在“垂直登陆”理论指导下发展的一个舰种，主要有通用两栖攻击舰（LHA）和多用途两栖攻击舰（LHD）两种。两栖攻击舰承担的主要使命包括：用舰载机发动攻击，为两栖作战提供火力支援；用舰载直升机、机械化登陆艇和气垫登陆艇运输部队和装备上岸；为两栖作战提供战场救护等。两栖攻击舰通常设有全通式的直升机起降甲板，载有数量较多的直升机或垂直/短距起降固定翼飞机，配有自卫武器，具有突击投送登陆战斗人员及其装备的能力，是目前各海军强国两栖作战的核心平台。

美国海军“塔拉瓦”级两栖攻击舰“佩莱利乌”号

什么是两栖船坞运输舰

两栖船坞运输舰又称两栖货船、登陆物资运输舰，是以船坞为主要设施，用于远距离大规模登陆作战时，运输登陆部队所需的重型装备、弹药、补给物资以及换乘登陆工具等，是实施由舰到岸登陆的大型作战舰艇。两栖船坞运输舰是20世纪60年代在“均衡装载”理论指导下出现的一个舰种，排水量和续航力较大，但没有抢滩能力，只能运送登陆部队、车辆、坦克和物资等到任务海域的换乘区，然后由自身携带的登陆艇和直升机转运上岸，或靠码头输送上岸，是现代两栖作战中由舰到岸登陆中不可缺少的舰种，也是目前各国重点发展的两栖舰种之一。

日本海上自卫队“大隅”级船坞运输舰

英国海军“海神之子”级两栖船坞运输舰“堡垒”号

什么是两栖登陆舰

两栖登陆舰是主要用于登陆作战的大型水面舰艇，具有大型船坞和货舱、直升机起降甲板，是登陆部队和重型装备到岸的重要输送装备。两栖突击车、水陆两栖坦克等可直接从舰上的坞舱突击抢滩，两栖登陆舰也利用登陆艇运送登陆部队上岸。其中，坦克登陆舰能够自行登滩和退滩，当登陆部队及装备上岸后能够依靠自己的力量从岸滩退下。船坞登陆舰兼具登陆和运输两种功能，是混合使用岸到岸和舰到岸登陆方式的两栖战舰，它本身不抢滩，而是由其携带的登陆艇抢滩。船坞登陆舰是大型坞式登陆艇母舰，以坞舱为主，也有直升机起降平台，但一般没有机库，通过携载的高速登陆艇、气垫登陆艇、两栖输送车辆和直升机，将登陆兵力及登陆装备输送上岸，偏重于两栖登陆作战，是世界上装备数量最多的两栖战舰，也是海军两栖作战力量的重要象征。

美国海军“新港”级坦克登陆舰

什么是两栖指挥舰

两栖指挥舰又称两栖旗舰或登陆指挥舰，是专门用于两栖作战中对整个海、陆、空登陆编队实施统一指挥的大型军舰。登陆作战时，编队指挥职能最初是用两栖登陆舰艇兼任，后来随着登陆作战规模的扩大，对兵力协同和指挥的要求越来越高，导致通信设备也越来越多，因而诞生了专门的两栖指挥舰。目前，只有美国海军装备了“蓝岭”级两栖指挥舰，负责在两栖战中进行陆、海、空综合指挥与控制。由于其他国家对大规模两栖登陆作战统一指挥的需求并不迫切，所以均没有专门发展两栖指挥舰。

“蓝岭”级“惠特尼山”号两栖指挥舰

大型两栖战舰的发展现状

20世纪90年代以来，随着苏联解体和冷战结束，世界格局和地区形势发生了深刻变化，地区性冲突成为新的关注点，因此能够实施海陆联合作战的新一代大型两栖战舰得到了各国海军的高度重视和重点发展。一批先进的新一代大型两栖战舰相继下水或服役，如美国海军的“美国”级两栖攻击舰、法国海军的“西北风”级两栖攻击舰、韩国海军的“独岛”级两栖攻击舰等。

根据《简氏舰船年鉴2022—2023》，截至2021年底，国外共有50多个国家装备有两栖作战舰艇，其中满载排水量超过1万吨的大型两栖舰共有60艘，包括美国33艘、西班牙3艘、法国3艘、日本3艘、英国2艘、荷兰2艘、韩国2艘、印度尼西亚6艘、澳大利亚2艘、巴西1艘、缅甸1艘、菲律宾1艘、印度1艘。

美国、英国、法国、意大利等传统的海上强国，为了维护本国及海外利益，以独立进行中、小规模两栖作战为目标，积极发展大型两栖战舰。截至2023年10月，美国海军拥有世界上门类最全、数量最多、吨位最大、装备最先进的两栖舰队，其现役主要大型两栖战舰艇共4级33艘，其中“美国”级两栖攻击舰2艘、“黄蜂”级两栖攻击舰7艘、“圣安东尼奥”级两栖船坞运输舰12艘、“惠德贝岛”级和“哈珀斯·费里”级两栖船坞登陆舰10艘、“蓝岭”级两栖指挥舰2艘，另有LCAC气垫登陆艇72艘、18艘LCM机械化登陆艇、59艘LCU通用登陆艇、52艘特种登陆艇。此外，美国陆军还拥有8艘“弗兰克·S·贝松将军”级后勤支援舰。

最引人关注的是亚太地区大型两栖战舰的发展，日本早在20世纪90年代就建造了3艘“大隅”级两栖船坞运输舰；韩国先后建造了2艘大型两栖攻击舰；印度尼西亚海军不仅从韩国采购3艘大型船坞运输舰，而且通过授权生产已自行建造3艘，其海军拥有6艘大型两栖舰，在亚太地区独树一帜，并且销售给菲律宾2艘；菲律宾和缅甸分别从印度尼西亚和韩国采购两栖船坞运输舰，大幅提升其海军的综合作战能力；澳大利亚发展了2艘“堪培拉”级大型两栖攻击舰，其两栖作战能力显著增强。预计未来，亚太地区大型两栖战舰的数量将进一步增加，势必会对该地区海军军事力量的平衡和地区稳定产生重大影响。

国外两栖战舰基本情况

两栖攻击舰

产生时间　20世纪70年代

使命任务

两栖作战的核心，可实现“均衡装载”，能够用舰载机发动攻击，提供空中火力支援；用各种输送工具运送兵力，向岸投送兵力；用舰载C4I系统指挥作战，充当指挥舰；可执行医疗救助、护航和后勤支援任务。

主要特征

- 通常采用岛式上层建筑，具有较大的直通式飞行甲板；
- 甲板下设有大型机库，通常设有2部升降机；
- 尾部机库下方设有坞舱，可装载2～3艘气垫登陆艇或数艘登陆艇；
- 在坞舱前部通常设有车辆舱，可装载陆战部队装备及物资；
- 通常装备较强的防御武器系统；
- 同时配有作战指挥系统。

典型舰艇

美国“美国”级和“黄蜂”级、法国“西北风”级、西班牙“胡安·卡洛斯一世”号、韩国“独岛”级等

美国海军“美国”级

续表

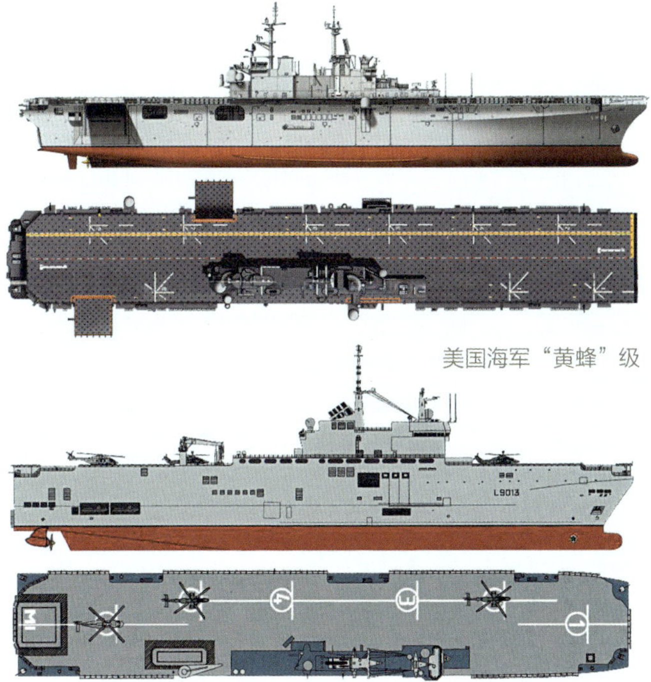

美国海军“黄蜂”级

法国海军“西北风”级

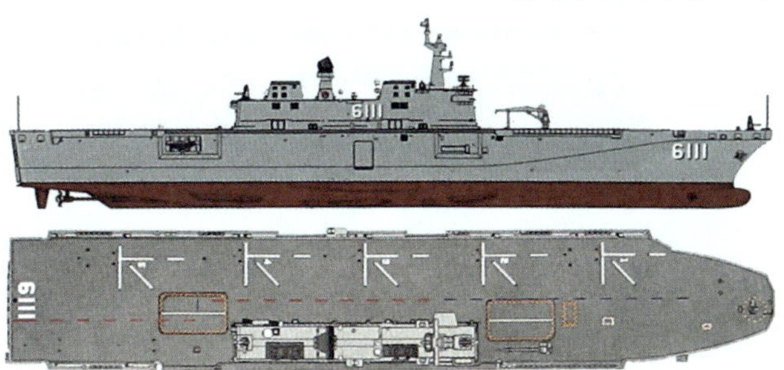

韩国海军“独岛”级

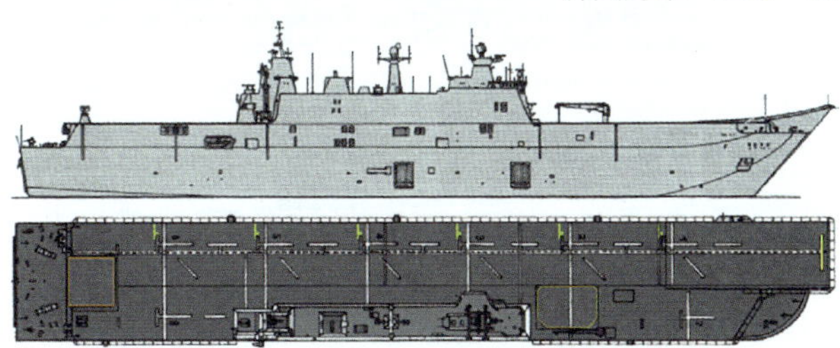

西班牙海军“胡安·卡洛斯一世”号

产生时间 20世纪60年代

使命任务

主要用于运载登陆艇、直升机、两栖装甲车辆等登陆工具，装载登陆兵和物资，实施由舰到岸登陆作战，集坦克登陆舰、船坞登陆舰、武装运输舰和两栖货船的功能于一身。

主要特征

- 设有坞舱，坞舱长度比船坞登陆舰坞舱短，约占1/3舰长；
- 设有飞行甲板，用于直升机的起降；
- 装运大舱设有货物搬运系统，主要由垂直运送机、桥式行车和斜坡板等构成，能迅速将各种装载移动到坞舱和上甲板，并由登陆艇和直升机运送上岸。

典型舰艇

美国“圣安东尼奥”级、英国“海神之子”级、日本“大隅”级

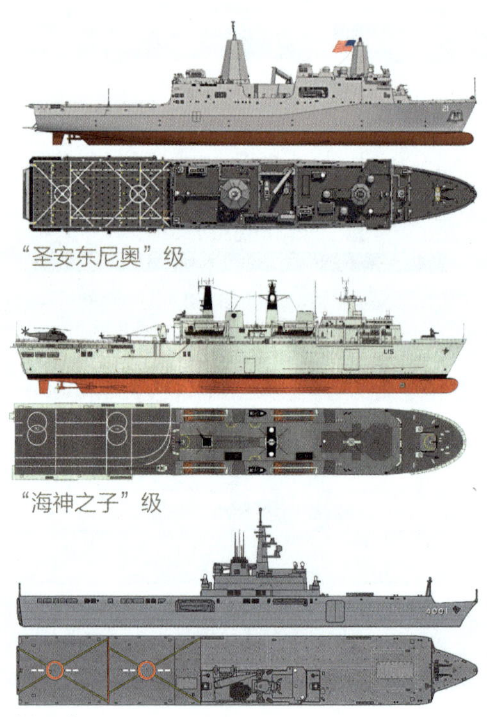

“圣安东尼奥”级

“海神之子”级

“大隅”级

产生时间　第二次世界大战时期

使命任务

能够运载登陆艇、两栖装甲车辆以及各种作战物资，实现远洋快速航渡，避免了坦克登陆舰抢滩登陆时近距离直接面对敌人炮火的问题。

主要特征

- 上层建筑设在前部，一般横跨两舷；
- 在舰尾部设有大型坞舱，坞舱约为舰长的70%，设有活动舱口盖，其长度一般不超过坞舱长的2/3，坞舱内可装载登陆艇。当坞舱进水时，舱内登陆艇可自由进出；
- 舰尾上甲板设1～2个直升机起降平台；
- 舰内通常设有车辆舱，既可装载装甲车辆，也可装载作战物资。

典型舰艇

荷兰“鹿特丹”级、英国“海湾”级

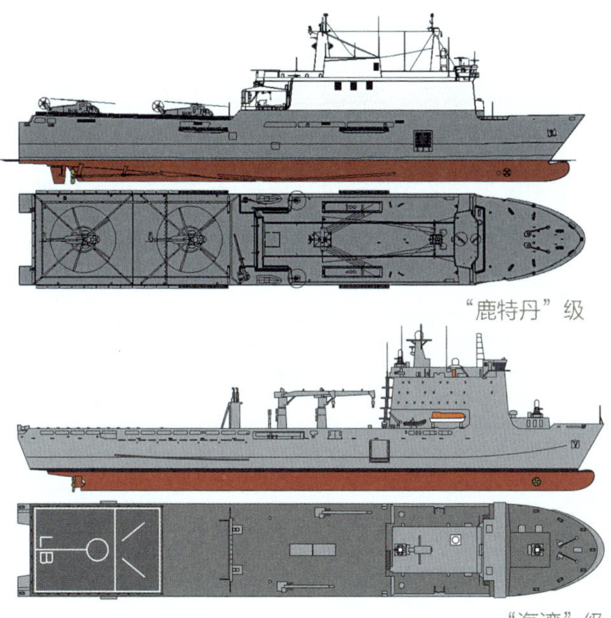

“鹿特丹”级

“海湾”级

两栖战舰的发展趋势

近年来，两栖战舰的发展已经出现了大型化的趋势。美国“圣安东尼奥”级船坞运输舰满载排水量25885吨，比上一级“奥斯汀”级增加了1万吨；法国“西北风”级两栖攻击舰的满载排水量也比上一级“闪电”级增加了9000多吨；韩国“独岛”级两栖攻击舰的满载排水量直追2万吨。预计未来的两栖战舰大型化的趋势有增无减。“美国”级两栖攻击舰的排水量达到了5万吨，超过了法国“戴高乐”号中型航母；西班牙的“胡安·卡洛斯一世”号两栖攻击舰的排水量超过了其退役的“阿斯图里亚斯亲王”号航母；意大利已建成“的里亚斯特”号两栖攻击舰，满载排水量超过2万吨，超过了现役“加里波第”号航母。新一代两栖战舰的大型化发展，最大的变化是增加了载机数量，西班牙“胡安·卡洛斯一世”号可搭载32架NH-90直升机或19架AV-8B飞机或12架NH-90直升机和11架AV-8B飞机；仅限第一批次“闪电”航母状态，“美国”级能够搭载23架F-35B联合攻击战斗机，还能搭载多型直升机和MV-22飞机。各型载机数量的增加不仅可以实现由舰到岸的垂直登陆，而且固定翼飞机的搭载能力提高了大型两栖战舰的制海能力，为两栖作战提供了重要的空中火力支援和对陆攻击能力。

通用化和系列化也是大型两栖战舰的重要发展趋势。荷兰皇家斯切尔德船厂推出了“执行者”大型两栖战舰系列，设计方案已衍生多代。目前最新一代中，“执行者12026”是最小的版本（舰全长120米，宽26米），在基本的“执行者”版本上进行再发展，可衍生出一些更强大的大型两栖战舰。在军费相对紧张的今天，大型两栖战舰的通用化和系列化发展，节省了研发和建造费用，也利于服役后的维修与使用。

“美国”级两栖攻击舰

为什么说未来大型两栖战舰的信息化程度更高，编队作战指挥能力更强

随着以计算机技术、通信技术、网络技术和软件技术为基础的信息技术的快速发展，大型两栖战舰的信息化程度越来越高。“圣安东尼奥”级船坞运输舰是美国海军第一型装备全舰光纤广域网的舰艇。广域网能够将全舰的各机电系统、作战系统、传感器以及指挥控制节点的显控台连接在一起，在战时可提供实时的决策信息。此外，该级舰还装有两栖攻击指挥系统（AADS）、舰艇自防御系统（SSDS）、协同作战能力（CEC）、联合战术信息分发系统、16号数据链、卫星通信系统等信息系统，保证其与岸上的指挥机构、编队内的舰艇以及登陆部队进行不间断的信息共享。

未来新一代大型两栖战舰的作战指挥能力更强。大型两栖攻击舰普遍配有指挥、控制、情报、侦察和监视等设备，可在两栖作战中扮演指挥舰的角色。例如，“美国”级两栖攻击舰的指挥能力相比“黄蜂”级、“塔拉瓦”级出现了质的飞跃；为了实施两栖作战指挥，“西北风”级两栖攻击舰设有850平方米的联合作战指挥中心，采用的“SENIT-9”作战数据管理系统可连接150个工作站，并大量选用了民品显示器、各种终端，还装备SIC-21指挥支援系统，主要功能包括传递电文、显示态势信息、实施情报管理和后勤监控等，有利于加强法国和盟军联合作战等指挥和协调能力。为了更好地发挥指挥平台职能，“西北风”级还装备了“锡拉库斯3”卫星通信系统、11号和16号数据链等通信系统。

为什么未来大型两栖战舰更加重视综合防御

作为一种高风险的军事行动，两栖作战在信息时代面临的威胁更为突出。在海上，有敌方水面作战舰艇、快速攻击艇（包括自杀式小船）、机动部队等威胁；在水下，有敌方潜艇、无人潜航器、简易爆炸装置与水（地）雷（包括海上水雷、浅水水雷与陆上地雷）等；在空中，有敌方飞机、巡航导弹等；在陆上，有敌方岸基制导火箭弹、火炮、迫击炮与导弹等；在太空，有敌方反卫星武器等；在网络空间，敌方可能实施计算机网络攻击等。因此，新一代大型两栖战舰越来越重视综合防御，配备先进的探测手段和较强的武器。

为了应对日益严峻的空中威胁，新一代大型两栖战舰都装备有先进的雷达。例如，美国“美国”级、“圣安东尼奥”级等新一代大型两栖战舰专门安装了能够探测掠海飞行反舰巡航导弹的AN/SPQ-9B雷达。韩国海军为了提高探测能力，在“独岛”号上安装了SMART-L3D多波束主动相控阵对空警戒雷达和MW-08对海搜索雷达，最远空中探测距离达400千米，目标跟踪能力为数百批。

与以前的两栖战舰相比，防空导弹发射装置成为新一代大型两栖战舰的通用配置。如“美国”级两栖攻击舰配置2座GMLS Mk29八联装导弹发射装置和2座21联装“拉姆”近程舰空导弹系统；法国“西北风”级装备有2套双联装“辛巴达”防空导弹发射系统。另外，再加上“密集阵”“守门员”等近防武器系统和各种有源/无源电子对抗系统等装备，新一代大型两栖战舰具备了严密的对空防御体系，极大地增强了自身防御能力，提高了生存能力。

此外，新一代大型两栖战舰也非常重视水下防御，结构上多采用双层底和舷侧结构，普遍装备了鱼雷诱饵等水声对抗设备。

为什么未来大型两栖战舰的推进效率和自动化程度更高

综合电力推进系统已在商船领域广泛使用，相比机械推进系统，综合电力推进系统具有许多独特的优势，如取消了减速齿轮箱，动力系统直接产生电力，然后将电力通过电缆传送给电动机，经轴系控制螺旋桨的速度，这样就减少了中间环节，可大幅提高舰船的有效动力，增大推力；使舰艇设计更灵活，操作快速、可靠，对机舱监控更容易；推进舰艇的剩余电力可用于高能量武器或舰上其他需要大电量的系统，能节省大量燃料，油耗可降低15%～19%，维修保养发动机部件的人力也大为减少；避免减速齿轮箱的巨大噪声，降低舰艇噪声15～20分贝，提高了声隐身能力，同时可相应提高本舰声呐的搜索距离，还可为激光、电磁武器等高能量武器提供能量保障。

法国的“西北风”级两栖攻击舰采用全电推进系统，取消了传动机械、主轴和舵机等复杂装置，简化了总体结构，提高了动力系统的可靠性。其电力由4台柴油发电机提供，总功率20.8兆瓦，航速19节，以15节速度航行时续航力1.1万海里。该级舰的全电式推进系统装备两台吊舱式电力推进装置，吊舱式电力推进装置是一种旋转式舵、桨合一的新型电力推进装置。该装置在船底尾部，无舵及其相应结构（如舵柱、轴系），既简化了尾部船体结构，又改善了船尾流体流场，提高了推进效率及操纵性能。旋转式吊舱可以360度转动，向各个方向发出推力，

“西北风”级两栖舰的电动推进吊舱

为船舶提供更快、更安全的机动性能，船舶可以在各种气候和紧急条件下实施机动，大约可减少20%的反应时间，船舶的制动距离更短。船坞登陆舰采用吊舱式电力推进装置，利于增加舱容，提高舰艇运行的经济性。船坞登陆舰不需进坞就可维修、更换推进器及零部件，为不间断航行提供保证。

鉴于综合电力推进的巨大优势，各国海军已在近期建造的多艘新一代大型两栖战舰上使用，这表明舰用综合电力推进系统的研制已经进入成熟发展阶段，大型两栖战舰开始由机械动力推进装置向综合电力推进装置过渡。目前，“西北风”级、“胡安·卡洛斯一世”号、“海神之子”级等大型两栖战舰均采用综合电力推进技术，不仅能够提高舰船的推进效率，而且能够节省舰内空间，提高舰艇自动化程度。

为什么未来两栖战舰执行非战争军事行动能力更强

目前，海军执行非战争军事行动越来越多，包括跨国人道主义救援，撤侨，海上反恐，反海盗，以军事外交、联合演习或者威慑为目的的海上远航，保护海上交通线安全，维护岛礁主权等。这些军事行动具有任务海域远离本土、持续时间长等特点，对海上保障能力和远洋投送能力提出了很高的要求。新一代大型两栖战舰吨位大，舱室多，内部舱室空间大，飞行甲板面积大和运载量大，集较强的机动能力、远海战略投送能力和一定的海上保障能力于一身。与航母相比，发展和使用成本低、敏感度小，而且在使用直升机方面具有更加丰富的经验。与其他大中型战斗舰艇如巡、驱、护舰相比，对海上撤侨、国际人道主义救援、联合搜救等非战争军事行动具有更广泛的适应性。因此，这些因素使得新一代大型两栖战舰成为海军非战争军事行动的最佳选择。未来一段时间内，随着海军行动多元化的发展，大型两栖战舰的作战使用范围将进一步拓展，将发挥更大的作用。

大型两栖战舰的主要作战样式

国外海军大型两栖战舰的军事作战行动主要包括参加大规模登陆作战和实施特种作战。

● 大规模两栖兵力投送

目前，美国海军两栖舰艇编队基本代表了世界海军在该领域的最高水平。两栖舰艇编队作为美国海军必不可少的海上遂行任务编队，也是美国推行其政治、外交政策及军事战略的重要手段之一。当美国插手地区冲突和挑起战争时，两栖舰艇编队和航母编队一样，用于实施大规模登陆作战、远洋两栖作战、前沿部署和担负其他作战任务，并发挥了重要作用。特别是在几场典型的局部战争中（如1991年的海湾战争、2001年的阿富汗战争与2003年的伊拉克战争），其两栖舰艇编队在大规模登陆作战中发挥了突出作用。

● 支持两栖特种作战

两栖舰艇编队功能的多样性和行动的灵活性，使其在实施特种作战中具有不可替代的优越性。例如，在1983年美军对格林纳达的作战行动中，美国海军派出了“关岛”号两栖攻击舰编队隐蔽驶往格岛海域，舰上搭载的海军陆战队乘直升机机降和登陆艇上陆，仅用2小时就控制了珍珠机场，随后占领机场南面的兵营，并派出部分兵力沿格岛北岸绕至西岸登陆，配合空降特战分队营救被软禁的英国总督，快速高效地完成了行动任务。由此可见，随着两栖舰艇编队技战术性能的不断提高，在实施特种作战行动中将发挥更为突出的作用。

大型两栖战舰的非战争使用

进入21世纪后，战略威慑、非战斗人员撤离、人道主义救援和海上反恐反海盗等非战争军事行动任务逐渐增多。为完成这些任务，不能仅靠先进的驱护舰或航母编队，而且驱护舰与航母在执行非战争军事行动中暴露出了很多弊端，这使得美国看似强大的军事链条存在许多薄弱环节，而两栖战舰恰好在一定程度上弥补了这些不足。

● 大型两栖战舰如何遂行战略投送？

战略投送是国家作战力量在空间上的战略转移，虽然投送行动本身并不具有直接的对抗性，但通过实力的投送，可以在危机地域集结建制部队和武器装备，以心理战形式实施强大的威慑压力。对美国而言，除航母打击群外，两栖（远征）打击群也同样能够发挥这一作用。例如，2003年8月29日，在关于朝鲜核问题的六方会谈进入关键时刻之际，美国海军派遣“塔拉瓦”级两栖攻击舰“佩莱利乌”号率领“日耳曼城”号船坞登陆舰、“奥格登”号船坞运输舰、“皇家港”号巡洋舰、“迪凯特”号驱逐舰、“贾勒特”号护卫舰以及从夏威夷驶来的“格林维尔”号攻击核潜艇在西太平洋水域会合，组成美国海军第1远征打击群，并开始在太平洋和印度洋地区进行为期8个月的战备巡逻。这些军舰是8月22日从美国西海岸圣迭戈军港启程的，经过7天日夜兼程的长途航行，终于在朝鲜核问题六方会谈结束前到达指定海域，成功实施战略威慑。

随着大型两栖战舰各种战术指标与作战性能的提高，两栖舰编队也能实现全球到达、快速部署、持久维持、行动快捷，使得大型两栖战舰也可以成为美国实施战略威慑的另一个手段（除航母打击群外）。在上述案例中，美国政府在当时朝鲜半岛局势持续紧张的敏感时期，下令其海军两栖舰编队实施战略威慑任务，将两栖编队部署在西太平洋区域，通过集结兵力提升了自身在这一地区的军事实力，增强了美军对朝鲜半岛进行军事干涉的能力，终于成功地威慑了朝鲜，达到了美方的目的。

● 大型两栖战舰如何遂行非战斗人员撤退行动？

非战斗人员撤退行动是在危急时刻，将本国公民从外国居所撤离到安全地

“美国”级两栖攻击舰装备了大量可执行救灾和人道主义救援的直升机及倾转旋翼机

的行动，成功撤侨不仅能够维护本国公民的安全利益，还能提升本国的国际威望。这些行动通常在局势比较紧张的情况下进行，撤退时必须保护疏散区的安全，因此需要派遣具备一定保护能力和容量大的先进舰艇前往实施。两栖战舰艇装备作为具备这些特点的海军舰艇，成为非战斗人员撤退行动的不二选择，能够充分发挥其保护和装载非战斗人员的能力。

21世纪的前10年，非战斗人员撤退行动已被欧美海军广泛运用。美国和英国都曾派遣两栖机动编队执行了多次疏散撤退任务，挽救了几千名公民的生命与财产安全。例如，2003年6月，利比里亚发生暴力事件后，美国海军迅速派出“硫磺岛”号两栖战斗群前往利比里亚海岸实施撤侨行动，维护了本国公民的人身与财产安全；2004年11月，在科特迪瓦爆发骚乱后，英国海军成功地将包括英国公民在内的220名外国公民撤离出科特迪瓦港口城市阿比让和行政首都亚穆苏克罗，提升了自身的国际地位和形象；2006年7月，英国动用了陆海空三军共2500余名人员，将4500多名公民从黎巴嫩撤运至塞浦路斯，展示了短时间内的机动反应能力，同时也维护了本国公民的安全和利益。在这些行动中，英国海军派遣的“堡垒”号两栖运输舰以及其他多艘舰艇均发挥了重要作用。

● 大型两栖战舰如何遂行人道主义救援行动？

人道主义救援行动是为了消除或者减轻天灾人祸，以及人类疾病、饥饿或穷困等引起的灾难性后果的行动。援助国利用大型两栖战舰开展人道主义救援是最为广泛的一种非战争军事行动。例如，2004年12月26日，印度尼西亚苏门答腊岛海底强震引发的海啸袭击了印度洋各国，给这些国家的人民造成了巨大的灾难。美国海军在印度洋海啸发生几小时后就派出20多艘战舰，包括“林肯”号航母打击群和“好人理查德”号两栖攻击舰为核心的远征战斗群、17艘舰艇、7艘海上预置船、“仁慈”号医疗船和1艘海上警卫队舰船参加海啸后的救援行动。在救援期间，以“好人理查德”号两栖攻击舰为核心的远征战斗群派出25架舰载直升机，为灾民提供各种物资补给，包括45万加仑的淡水等，“好人理查德”号两栖攻击舰每天能自行生产9万加仑的淡水。2005年8月30日，美国五角大楼下令“巴丹”号两栖攻击舰等5艘海军舰船搭载8支海上

编队航行的美国海军两栖舰艇编队

CH-53 重型直升机准备从两栖攻击舰上起飞，机上搭载了执行撤侨警戒任务的士兵

营救小组前往墨西哥湾，支援受“卡特里娜”飓风袭击的美国南部救灾工作。“巴丹”号两栖攻击舰及其所搭载的6架舰载直升机直接参加了搜索和营救任务，并搭载了大量食物、燃料、药品、建筑材料，以及用于撤离和搜索营救用途的气垫船，对当时的救援工作起到了很大的支持作用。2010年1月12日，海地发生了里氏7.3级强烈地震，死伤人数超过20万。地震发生后，美国、加拿大、法国、意大利、荷兰等国均派出了大规模的海军力量参与救援行动。其中，美国海军投入了包括“黄蜂”级和“圣安东尼奥”级在内的十几艘大型两栖战舰参与救援行动。除欧美海军外，韩国也派遣了“独岛”号两栖攻击舰运载维和部队及其装备和补给物资前往海地，以满足灾后重建、维持秩序的需要。

在印度洋海啸、美国“卡特里娜”飓风灾难和海地地震的几次人道主义救援行动中，均可看到两栖攻击舰的身影。近些年，两栖攻击舰以其特有的均衡性和突出的综合能力使得各国海军刮目相看。两栖攻击舰不仅能担负“垂直”和“平面”登陆作战任务，也能担负大量的非战争军事行动如抢险救灾、远洋运输和医疗救护等应急任务。在上述这些救援行动案例中，美国海军“黄蜂”级两栖攻击舰以其面积约9000平方米的飞行甲板，为救援行动中大多数直升机起降和救灾物资的转运提供了场地保障等条件。除两栖攻击舰外，两栖船坞登陆舰可在其坞舱内运载数量可观的小型登陆艇开展救灾作业，且货舱容积较大，能装载大量救灾物资，从而成为救灾行动中的中转基地。美国海军“圣安东尼奥”级两栖船坞运输舰，在海地地震救援行动中表现出色，不仅提高了美国海军实施救援的灵活性，也能满足救援行动的运输需求。

● 大型两栖战舰如何遂行反恐反海盗护航行动？

目前，在亚丁湾反海盗行动中，各国海军解救遭海盗袭击的商船时，大多出动直升机，海盗在看到直升机后通常会立即停止攻击转而逃离。各国海军在逮捕海盗嫌疑人的行动中，几乎全部是使用直升机对海盗艇实施拦截。例如，2009年3—4月，美国海军“拳师”号两栖攻击舰在亚丁湾国际通行走廊内慢速巡逻，依靠本舰携带的众多各型直升机担负大范围海域的巡逻护航和应召解救商船、打击海盗的任务。此外，多国海上部队151特混编队的各舰艇在对可疑海盗船的检查中，需要派出搭载登船检查小组的刚性充气快艇，在舰载直升

携带大量直升机的两栖攻击舰，是执行救灾任务最合适的手段

机的配合下接近可疑船进行检查，从而起到很好的护航作用。

在反海盗护航行动中，水面舰艇使用雷达探测时目标容易被海浪杂波掩盖，且大型水面舰机动性相对较差，在搜索和拦截海盗快艇时并不占优势。舰载直升机搜索能力强、机动性好，配合机动性强的刚性充气快艇正好弥补大型水面舰艇机动性弱的不足，能够很好地打击海盗进行护航。因此，舰载直升机和刚性充气快艇成为反海盗行动中的关键装备，而能够大量携载这两者的大型两栖战舰正好可以满足这些行动的需要，很好地承担反恐、反海盗和护航行动。例如，美国海军就曾派遣过“拳师”号两栖攻击舰在亚丁湾进行护航行动。

两栖攻击舰的发展与特点

以美国为代表的西方国家自20世纪60年代初，开始大力建造可起降直升机的两栖攻击舰，并根据作战需求不断改进。现今的两栖攻击舰已成为航母和船坞登陆舰的一种结合体，拥有全通甲板，还建有大容量坞舱、车辆舱、机库和人员居住舱等，排水量都在万吨以上。大型两栖攻击舰的吨位和甲板长度与中型航母不分上下，可混搭几十架不同类型的直升机和垂直/短距起降飞机。

● 大型化、通用化和系列化的趋势更加明显

传统的两栖攻击舰满载排水量大都在1万吨上下，而新一代两栖攻击舰满载排水量都在2万吨左右。吨位的增大，一方面，带来了舰上燃油装载量的增加，使其能够长时间在中远海活动，能够持续执行作战或非作战任务；另一方面，舰艇吨位增大，舱内空间、甲板面积、甲板层数随之增加，可以运输更多的兵员和装备，综合作战能力大大提升。“美国”级两栖攻击舰达到了5万吨，已经超过法国“戴高乐”号中型航母的满载排水量。澳大利亚发展的2艘两栖攻击舰，排水量超过了西班牙“阿斯图里亚斯亲王”号航母。韩国“独岛”级两栖攻击舰的满载排水量直追两万吨。未来，两栖攻击舰的大型化趋势将更加明显。

建造一艘现代化的两栖攻击舰，需要付出昂贵的费用，为了充分发挥其作

用，各国海军两栖攻击舰都向多功能、多用途化发展。以美国、法国为代表的各国海军为充分发挥两栖攻击舰的功能，将兵力投送、火力支援、两栖指挥、医疗救助功能综合在一个平台上，使其可以依据任务需求灵活执行多种任务，随时应对解决突发事件，既可战时实施两栖作战，又可平时执行非军事任务，做到一舰多用、平战结合。

● 信息化程度更高，具有较强的两栖作战指挥能力

现代两栖作战是海陆空一体的协同作战，两栖攻击舰作为两栖编队的核心，均被赋予两栖指挥的任务，小则承担两栖编队指挥，大则承担特混舰队指挥、战区指挥。随着以计算机技术、通信技术、网络技术和软件技术为基础的信息技术的快速发展，新一代两栖攻击舰的信息化程度越来越高，作战指挥能力更强。新一代大型两栖攻击舰普遍配有指挥、控制、情报、侦察和监视等设备，可在两栖作战中扮演指挥舰的角色。例如，“美国”级两栖攻击舰的指挥能力相比“黄蜂”级、“塔拉瓦”级，已经实现了质的飞跃。

● 以搭载舰载直升机、垂直/短距起降飞机为主，无人机开始上舰

两栖攻击舰与船坞登陆舰、船坞运输舰的最大区别在于舰载机搭载能力，各国海军积极发展两栖攻击舰的目的在于加大两栖战舰舰载机的搭载能力。除美国海军外，各国海军都在两栖攻击舰上搭载尽可能多的舰载直升机，设置更多的甲板起降点，搭载的机型有运输直升机、武装直升机、侦察直升机等。与此同时，搭载垂直/短距起降飞机，以进一步增加两栖攻击舰的作战能力。如美国海军的“黄蜂”级和“美国”级两栖攻击舰均可垂直/短距起降飞机，西班牙“胡安·卡洛斯一世”号则加装了滑跃飞行甲板。

● 武器配置更加合理，自防御能力明显增强

以两栖攻击舰为核心的编队，中远程防御任务由驱护舰承担，而两栖攻击舰自身一般仅配置近程防空系统。近年来，新型两栖攻击舰的武器配备愈加完

善，自防御能力越来越强。如美国“黄蜂”级两栖攻击舰配置2座“海麻雀”舰空导弹发射装置、2座“拉姆”舰空导弹发射装置、2座MK-15“密集阵”近防武器系统、3座25毫米舰炮；法国“西北风”级舰配置2座“西北风”舰空导弹发射装置、2座30毫米舰炮。

什么是直升机母舰和轻型航空母舰

直升机母舰是指以舰载直升机为主要武器，实施反潜作战或输送登陆兵垂直登陆的大型水面舰艇。如意大利“维托里奥·维内托”号、法国“圣女贞德”号和苏联“莫斯科”号直升机母舰等。直升机母舰不一定采用全通式飞行甲板，部分未采用全通式飞行甲板的直升机母舰也被称为“直升机巡洋舰”或“航空巡洋舰”。现代两栖攻击舰即在采用了全通式飞行甲板的直升机母舰发展而来，采用全通式飞行甲板的直升机母舰也被称为“直升机航母”，与轻型航母有概念交集，如日本海上自卫队的“出云”级和“日向”级轻型航空母舰，满载排水量1万～3万吨级，可载垂直/短距起降飞机、反潜直升机等，主要用于执行海上编队反潜、护航，以及运送登陆兵登陆等任务。如英国“无敌”级曾是典型的轻型航母，满载排水量20600吨，航速28节，续航力7000海里，可携载9架“海鹞”垂直/短距起降飞机、9架“海王”反潜直升机、3架预警直升机，为缩短起飞滑跑距离，采用滑跃起飞甲板，并在后续改造中将甲板升角由7度改为12度。意大利建造的“加里波第”号轻型航母满载排水量14150吨，航速30节，续航力7000海里，可携载16架“鹞”Ⅱ型垂直/短距起降飞机或16架“海王”反潜直升机，主要用于在地中海执行巡逻警戒、扼守和保卫直布罗陀海峡通道，执行编队防空、反潜、反舰和支援登陆、反登陆作战等。泰国海军从西班牙采购的“查克里·纳吕贝特”号轻型航母满载排水量11400吨，航速26节，续航力10000海里，可携载12架垂直/短距起降飞机或14架“海王”多用途直升机，主要用于在近海执行巡逻警戒和空中支援等作战任务。尽管轻型航母在作战上有许多不尽人意之处，但对于发展中国家来说确是一种符合本国国情的经济适用型航母。

两栖攻击舰和轻型航母有哪些共同特点

随着海上安全形势发生的深刻变化，海上反恐、禁毒、维和、救援等任务越来越繁重，大型两栖攻击舰装载直升机、登陆艇、装甲车以及海军陆战队员，具备强大的投送能力。世界第一艘两栖攻击舰是由美国海军在第二次世界大战时建造的“卡萨布兰卡”级“忒提斯湾”号轻型护航航母（CVE-90）改装成直升机航母（CVHA-1）、再服役后重新划归为直升机两栖攻击舰（LPH），其特点是搭载直升机后，为海军和海军陆战队提供灵活的垂直突击能力。首批专门为使用直升机而设计的美国海军“硫磺岛”级两栖攻击舰，从舰型上更近似于全通甲板的轻型航母。以该级舰为母型，后续设计建造的“塔拉瓦”级、“黄蜂”级两栖攻击舰等与直升机航母、轻型航母有着许多共同的特点，只是美国海军两栖攻击舰更加注重两栖作战攻击能力，搭载的舰载机和装备更偏重于两栖作战。

搭载了“海鹞”垂直起降战机的英国“无敌”级航母

两栖攻击舰和轻型航母的主要区别

尽管大型两栖攻击舰比航空母舰的问世和服役要晚许多，但近年来其发展势头很快，一个很重要的原因在于两栖战舰研制与建造费用相对便宜，可以承担轻型航母的一些作战任务，且多功能性突出。两栖攻击舰上可搭载直升机或垂直/短距起降飞机，一般还可搭载大量陆战装备及海军陆战队员，采用垂直和平面登陆方式把兵力和两栖装备投送到目标区，从而能有效地支援登陆部队的作战行动。例如法国“西北风”级两栖攻击舰可运送450名士兵、60辆装甲车、4艘通用登陆艇；韩国“独岛”号可容纳700名海军陆战队员，还能装载10辆坦克或200辆卡车。当然，中等规模以上海战行动中，在夺取制空权、提供舰队空中掩护方面，航母所搭载的固定翼飞机无论是数量还是作战能力均优势明显，作战能力是一般两栖攻击舰无法企及的。

两栖攻击舰的最大意义是在两栖作战中充当相对经济的空中火力支援平台，大多数情况下，同样吨位的航母比两栖攻击舰昂贵许多；不同规模两栖作战所需的空中支援需求差异较大，使用航母产生的装备费效比并非最优。

与冷战时代的直升机航母及轻型航母不同，两栖攻击舰的主要目的还是在航母的掩护下执行两栖作战任务；航母的主要作战任务则在于争取制空权及制海权，以及在冷战后执行对弱小国家由海向陆的制空权争夺；在大国海军的全面对抗战争行动中，航母和两栖攻击舰的角色很难互换。北约国家在执行预期登陆作战时经常面对的是空中力量弱小的国家，或者是在美国航母的掩护下进行作战活动，其作战任务相对简单，自身不需要强大的空中火力支援。航母遂行海上对抗所面临的作战环境完全不同，航母首先面临的是敌人强大的海空作战力量。

大多数两栖攻击舰本身的制空制海能力并不强，面对拥有强大海空力量的敌人时，一般都需要有航母编队的支持，只有在航母战斗群的掩护下，两栖编队才能发挥最大能力并完成特定的作战任务。美军的情况属于特例，其大型两栖攻击舰搭载的垂直/短距起降飞机数量多、作战能力强。第五代F-35B战斗机作战能力全球领先，远远高于此前的AV-8B“鹞”式战斗机；同等数量下两栖作战中可提供的火力支援能力成倍提高。“美国”级必要时可搭载数量众多的F-35B战斗机，战斗力丝毫不次于他国的中小型航母。

美国两栖攻击舰的发展历程

美国是全球两栖作战理论与装备发展最为完善的国家，其两栖攻击舰基本为专用两栖攻击平台，任务较为明确，主要承担两栖攻击、制海作战、垂直投送以及编队指挥舰的功能，而平面投送与登陆作战时与两栖编队中的两栖运输舰及两栖船坞登陆舰共同配合完成。

美国海军共发展了五代两栖攻击舰，形成了完整的两栖作战舰艇编成模式和作战理论。

掠过两栖攻击舰上空的F-35B垂直起降战机

两栖攻击舰

根据“垂直包围”作战理论，将老式的1艘“科芒斯曼特湾”级护航航母、3艘“埃塞克斯”级航母和1艘“卡萨布兰卡”级护航航母改成两栖攻击舰，利用直升机进行垂直登陆作战，实质为直升机航母。由于飞行甲板和机库面积的限制，无法配置运输直升机或常规登陆工具来运载大型作战装备，立体登陆能力较弱。

“硫磺岛”级（LPH）两栖攻击舰

配备了运输直升机和登陆艇实现了立体登陆作战，该级舰仅能将作战人员和简单装备输送上岸，无法投送大型作战装备实施滩头强攻。

“硫磺岛”级两栖攻击舰

“塔拉瓦”级（LHA）两栖攻击舰

具备了攻击舰、船坞运输舰和运输舰等功能，实现了“均衡装载、成建制输送”的作战理念，搭载了运输直升机和气垫登陆艇，同时具备AV-8B“鹞”式战斗机的搭载能力，可实现快速的独立登陆作战。

"塔拉瓦"级两栖攻击舰

● "黄蜂"级（LHD）两栖攻击舰

实现了"超视距、立体登陆、舰到目标机动"的作战理念，可作为直升机攻击舰、两栖攻击舰、两栖指挥舰、船坞登陆舰、医疗船使用。配备了新型登陆艇和AV-8B"鹞"式战斗机，可在敌方警戒或火力范围以外的海面，发起海上、空中登陆作战。

"黄蜂"级两栖攻击舰

● "美国"级（LHA-R）两栖攻击舰

"美国"级的研发是为了实现美军"前沿存在、前沿部署"的战略目的，

其强化了航空作战和兵力投送能力。“美国”级排水量45000吨，作战能力与空战能力远超一般国家的航母，在构造与用途上与一般的非斜向甲板航母并无不同。

“美国”级两栖攻击舰

美国各级两栖攻击舰主要战技术指标有何不同

第二次世界大战后美国海军本着“够用即好”的原则，认为现有动力系统可以满足两栖战舰航速要求，所以在增加排水量的同时并没有提高其航速和续航力，从“塔瓦拉”级到“美国”级排水量仅增加了5000吨，主尺度、飞行甲板无显著变化，而续航力和航速还有所降低。

● 舰载武器方面

从“黄蜂”级开始，两栖作战主要采用编队形式，攻击、防空、反潜等任务主要由舰队中的驱护舰和潜艇等完成，航空作战能力的提升也使登陆战中攻击舰无须接近滩头，所以“美国”级只装配了用于近程防御的2座RIM-116“拉姆”导弹发射装置和2座RIM-162改进型“海麻雀”舰空导弹发射装置，使飞行甲板的可用面积大幅增加。

美国两栖攻击舰主要参数

级别	项目	数值	项目	数值	项目	数值
“硫磺岛”级	排水量	18825吨	最大航速	23节	续航力	10000海里/20节
	主尺度	183.7米×25.6米×7.9米			飞行甲板	183.7米×31.7米
“塔拉瓦”级	排水量	39767吨	最大航速	24节	续航力	10000海里/20节
	主尺度	254.2米×40.2米×7.9米			飞行甲板	250米×40.3米
“黄蜂”级	排水量	41661吨	最大航速	22节	续航力	9500海里/20节
	主尺度	256米×42.7米×8.1米			飞行甲板	256米×42.6米
“美国”级	排水量	44850吨	最大航速	22节	续航力	9000海里/12节
	主尺度	257.3米×59.1米×8.7米			飞行甲板	257.3米×42.6米

“海拉姆”防空导弹发射装置

“黄蜂”级舰岛上装备的各型雷达与电子设备

电子设备方面

美国两栖攻击舰配备了较为完备的电子装备。雷达系统多为经典雷达，具有对海、对空搜索、火控、目标指示、导航、着舰引导等功能，具备中远程与中近程的探测能力。其他的导航系统、侦察系统、发射架等装备随着新技术的成熟而在新舰上采用。

动力系统方面

美国早期两栖攻击舰主要采用蒸汽轮机，燃料为重油或柴油。从“黄蜂”级的“马金岛”号开始采用了燃气轮机加全电推进的动力系统，最大航速可达22节。舰上的柴油发电机和APS辅助推进系统可直接驱动推进器（不经过减速齿轮与传动轴），低速航行的燃油效率和机械损耗得到极大改进（燃料消耗可降低2/3）。这种推进方式启动速度快、噪声低、效率高，符合大型水面舰艇动力的发展趋势。“美国”级则沿用了“马金岛”号的动力系统，燃料改用JP-5航空燃油（舰机共用），该燃油燃烧性能和低温流动性好，碳含量和硫醇性硫含量低，燃烧时积碳量少，对机件腐蚀小。JP-5航空燃油价格约为柴油的2倍，费效比较好。

舰载机方面

美国两栖攻击舰搭载的舰载机是随着航空技术的发展不断变化的。重型运输直升机型号经过CH-53、CH-53D、CH-53E、CH-53K的不断发展，载重量增加了1倍；支援攻击直升机从CH-46发展到CH-46D/E，直至在“美国”级上被MV-22B取代。固定翼机从无到有：“硫磺岛”级和“塔瓦拉”级纳入了AV-8B“鹞”式战斗机的设计需求；“黄蜂”级则开始搭载AV-8B，并将MV-22B纳入设计需求；“美国”级则是专门为垂直/短距起降F-35B战斗机和MV-22B“鱼鹰”倾转旋翼机特别打造的，可以说舰载固定翼机的发展决定了美国最新两栖攻击舰的设计发展方向。

CH-53重型直升机是两栖攻击舰的主要运输工具

CH-46E重型直升机

MV-22B“鱼鹰”倾转旋翼机

AV-8B“鹞”式垂直起降战斗机

F-35B垂直/短距起降战斗机

“垂直包围”作战概念如何影响两栖攻击舰的发展

“垂直包围”战术是美国海军陆战队于20世纪60年代提出的两栖作战概念，是指登陆部队搭乘舰载直升机等空中输送工具，在敌岸或其浅近纵深机降或滑降着陆的作战行动，也叫垂直登陆。垂直登陆通常用于抢占登陆地域内的交通要道、桥梁、山垭口等重要地形，保障主力登陆部队突击上陆，或在作战过程中配合后续登陆部队的行动，抢占要点，阻敌第二梯队前出，为巩固和扩大登陆场创造条件。垂直包围随着直升机和倾转旋翼机的广泛运用，已成为美军现代两栖作战突击上陆的重要方式。

第二次世界大战后，随着直升机技术不断突破，美国海军认为可将直升机用于登陆作战，形成一种新的登陆作战方式——“垂直包围”。经过反复论证，美国海军于1955年选择将“卡萨布兰卡”级护航航母“忒提斯湾”号（CVE-90）作为验证新型作战理论的平台，拆除其弹射器和阻拦索，在甲板尾侧开设升降口，加宽内舱通道，重新编号为CVHA-1。美国海军对其试验效果非常满意，随后又相继进行了一系列试验，“科芒斯曼特湾”级护航航母“布洛克岛”号（CVE-106）于1957年经过改装后正式服役，可搭载1000名陆战队员和20架直升机，航速20节。美国海军陆战队将其命名为直升机登陆平台舰（LPH，Landing Platform Helicopter），编号LPH-1，直升机登陆平台舰被归为两栖攻击舰。

直升机装备两栖战舰后，极大地增强了两栖作战的距离和灵活性，新增了一种海上突击样式，同时具有节约经费、缩短研制周期的优势，但由于改装后的两栖攻击舰不是专门为两栖登陆作战设计的装备，也暴露出飞行甲板和机库面积小、强度不够、不能保证重型直升机的起降，装载登陆部队人数过少等诸多问题，于是美国于1958年废止了改造20艘护航航母作为两栖攻击舰的计划，改为重新研发全新的专用两栖攻击舰。

与此同时，为弥补新型专用两栖攻击舰服役前的缺口，积累两栖攻击舰上直升机的使用经验，美国海军陆战队决定将3艘“埃塞克斯”级反潜航母改装为两栖攻击舰，以满足美国海军陆战队的迫切需求。这3艘“埃塞克斯”级航母分别是“拳师”号（CVS-21）、“普林斯顿”号（CVS-37）和“福吉谷”号（CVS-45），它们均拆除了防空火炮和4个锅炉，以腾出空间搭载直升机，每艘可搭载30架CH-37直升机，航速下降到25节。“拳师”号与“普林斯顿”号于1959年率先改装，重新编号为LPH-4和LPH-5，“福吉谷”号则在1961年开始改装，重新编号为LPH-8。“普林斯顿”号与“福吉谷”号在越南战争中发挥了巨大的作用，“拳师”号则部署到多米尼加执行戒备任务。

1958年，美国海军启动研制全新的两栖攻击舰，即“硫磺岛”级两栖攻击舰，该级舰是世界上第一型专门为搭载直升机进行登陆作战而设计建造的两栖战舰，1961—1970年，共建造了7艘，已于1993—2002年全部退役。相比于之前的两栖战舰，“硫磺岛”级在直升机搭载、运用和人员装备装载投送，以及医疗保障能力上具有非常突出的优势。

● 强大的直升机和人员装备搭载能力

“硫磺岛”级可搭载28～32架各型直升机，包括CH-53E“海上种马”、CH-46“海上骑士”运输直升机以及UH-1“休伊”和AH-1“海上眼镜蛇”武装直升机。直升机通过舰上的两部升降机进出机库。舰上设有一个指挥中心，专门负责调度和指挥直升机运行和出动。该级舰可一次运送1800名陆战队员及其车辆和装备，包括8门105毫米榴弹炮和不少于25辆轻型卡车，几乎达到LPH-1的2倍。一艘舰即可运送一个完整的陆战队加强营，全部装卸携行装备只需要6～10小时。

● 强大的投送能力

“硫磺岛”级上全新直通飞行甲板按照直升机运用和两栖攻击作战特点设计，具备4架直升机同时起飞的能力，并且还允许10架同时整备，包括加注燃料、装载人员、军事物资和航前检查等，还允许至少2架直升机在飞行甲板下方的机库里进行整备。如果准备充分，“硫磺岛”级可在30分钟内让16架直升机升空，1小时内抵达220千米内的任何地点。

CVS-21“拳师”号两栖攻击舰

CVS-37“普林斯顿”号两栖攻击舰

CVS-45“福吉谷”号两栖攻击舰

“硫磺岛”号两栖攻击舰

● 强大的医疗保障能力

“硫磺岛”级上设计了一个拥有300张床位的医院，可同时进行3台外科手术。由于两栖攻击舰在前线布置，受伤的陆战队员无须长时间转运就能得到普通医院水准的治疗，这对于在前线战斗的陆战队员意味着更大的生存希望，对美国海军陆战队来说则意味着更快的战斗力恢复。

作为第一型专门为直升机登陆作战而设计的舰艇，由于缺乏运用经验，“硫磺岛”级也暴露出一些问题。

● 舰载火力弱与编队航行速度低

当时，美国海军对“硫磺岛”级的定位只是用于搭载垂直登陆工具的海上平台，在设计时并未考虑将其作为舰队作战单位，同时也受到研制建造经费的限制，导致“硫磺岛”级在整体性能上的明显缺陷。一方面，舰载武器简单，火力不足。“硫磺岛”级的舰载武器最初只有舰桥前方和飞行甲板后方各2座MK33双联装76毫米舰炮，用于支援登陆部队，缺乏基本的自身防护能力，特别是防空能力。直到1970年才陆续将其中2座更换为八联装“海麻雀”近程防空导弹发射装置，80年代又全部加装2座“密集阵”近防系统。另一方面，建造标准不高，编队航行能力不足。美国海军在设计建造“硫磺岛”级时以牺牲舰船的整体性能为代价以实现节省经费的目的，如船体采用商船的标准建造，推进系统采用单轴推进，最大航速仅有21节，也不具备独立作战的能力。

● 未设计坞舱，缺乏平面登陆能力

在专用垂直登陆平台的设计思想指导下，“硫磺岛”级两栖攻击舰没有坞舱，不能搭载登陆艇，登陆部队从该舰转乘其他登陆艇时十分不便，即使在7号舰“仁川”号里加入了能够搭载2艘车辆人员登陆艇的坞舱，但必须由CH-53E直升机将登陆艇吊运至海面才能完成向岸机动，基本不具备平面登陆能力。该级舰仅搭载直升机，投送装备能力较差，即使重型直升机也难以运送重型坦克或装甲车，这些重型装备仍需登陆艇输送。

“硫磺岛”号尾部并未设置坞舱，因此无法容纳登陆艇进行登陆作战

1964年8月，在越南战争中，“硫磺岛”级与两栖船坞登陆舰为美国海军陆战队运输了大量人员和作战物资。战争实践表明，单一用途的两栖攻击舰和登陆舰并不足以保证海军陆战队一个加强营（登陆第一梯队）的兵力和装备的迅速上岸，特别是在天气情况不利于垂直机降或专用两栖舰艇被损毁的时候。因此，美国海军在1970年提出了“均衡装载”的两栖舰艇发展理论。“硫磺岛”级的建造计划随即终止，取而代之的是全新的“塔拉瓦”级两栖攻击舰。

“均衡装载”理论如何影响两栖攻击舰的发展

鉴于“硫磺岛”级两栖攻击舰存在的设计缺陷，以及使用过程中暴露的问题，美军于20世纪60年代初提出“均衡装载”理论，将部队、物资、车辆、登陆艇及舰载机等全部两栖作战力量置于同一两栖平台之上，独立执行两栖作战任务。这种成建制的装载不仅有利于作战指挥，而且能够增强两栖部队的机动能力，同时可以避免战时因1艘专用舰艇受创而影响整个登陆作战过程。在“均衡装载”理论的指导下，美国从20世纪60年代开始启动新一级“塔拉瓦”级两栖攻击舰的研制工作，从1971年起开始建造，原计划建造9艘，由于越南战争结束及预算限制等问题，最终只建造了5艘，编号为LHA-1～LHA-5，平均每艘造价为2.29亿美元，相当于同期服役的“尼米兹”级核动力航母首舰“尼米兹”号造价的1/8。“塔拉瓦”级首舰于1976年建成服役，末舰于1980年服役。

“塔拉瓦”级是美国建造的第二级两栖攻击舰，相对于“硫磺岛”级来说，它不仅更大、更快，而且在功能上发生了质的转变，被称作通用型两栖攻击舰。从1976年开始，“塔拉瓦”级以每年一艘的速度服役，使美国海军的两栖攻击舰规模迅速扩充，基本达到了“在必要的时间把部队送到必要的地点”的战略目标。

“塔拉瓦”级舰长254.2米，宽40.2米，满载排水量39967吨，采用了2台双轴蒸汽轮机作源动力系统，最大航速达24节。“塔拉瓦”级对内部结构进行了优化，更便于操作车辆、登陆艇。该级舰的内部从上往下大致是机库、车辆甲板和坞舱。车辆甲板和坞舱在同一层，均位于机库下方，车辆甲板在前，坞舱在后。车辆甲板共有两层，以两块上下坡板连接。一层是主车辆甲板，用于装载坦克、装甲车等重型车辆；二层是副车辆甲板，用于装载吉普车等轻型车辆。当用登陆艇运输车辆时，车辆可沿下坡板直接行驶到坞舱甲板；当用直升机运输车辆时，车辆可沿上坡板直接行驶到机库甲板。

坞舱位于舰体后段最下方，前部从中间隔开，可通往车辆甲板。当压载舱进水使舰尾下沉时，登陆艇可通过尾门下水或进坞。艇只调度室将坞舱分成两部分：一部分供进坞艇用，另一部分供出坞艇用，两者互不影响。坞顶设有一条单轨，可以自动向登陆艇提供物资。舰上装有船侧推进器，以利两栖装备进入或离开船坞。这样的设计保证了“塔拉瓦”级空海结合、互不干扰的投送模式，有利于根据实际情况为人员、装备和相关物资灵活地选择运输方式，可以说是一种革命性的创新。

“塔拉瓦”级的装载能力大幅提升，主要体现在三个方面：第一，在载机搭载方面，位于飞行甲板尾部下方的机库长65米、宽30米、高8.5米，可容纳19架CH-53E“海上种马”大型直升机或26架CH-46E“海上骑士”中型直升机。飞行甲板上设有6个起降点和3个停机位，最多可供9～12架直升机同时操作，经现代化改造后，还可混装6架AV-8B“鹞”式战斗机。第二，在装备搭载方面，车辆甲板装载面积达3135平方米，能完成4～5艘登陆运输舰的任务，即包括重型装备在内的一个海军陆战队加强营的装备。第三，在登陆艇

“塔拉瓦”号两栖攻击舰

搭载方面，新设计有长81.6米、宽23.8米、三层甲板高的船坞，可容纳4艘41米长的LCU-1610型通用登陆艇，或2艘通用登陆艇和2艘LCM-8型机械化登陆艇，或17艘LCM-6型机械化登陆艇，或45辆两栖车辆，或1艘LCAC气垫登陆

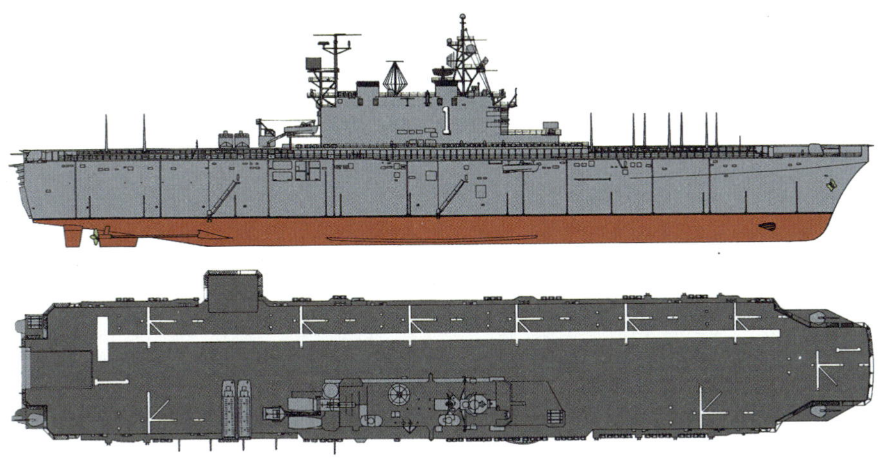

“塔拉瓦”号两栖攻击舰

“塔拉瓦”号坞舱注水后可直接驶入登陆艇

超地平线登陆作战

艇和4艘人员登陆艇。“塔拉瓦”级的具体搭载方案按照战术行动的要求部署，在海湾战争中“拿骚”号就曾作为专门搭载20架AV-8B“鹞-Ⅱ”式战斗机的母舰。

在舰载武器方面，“塔拉瓦”级装备6门MK242型25毫米机关炮和2座“海麻雀”近程防空导弹发射装置，在后续的现代化改装中，用2座“密集阵”近防系统取代了“海麻雀”，还加装了2座“拉姆”近程舰空导弹发射装置。这样，以舰空导弹、火炮和近防武器系统构成了强大火力配置，自身防御能力显著增强。

“塔拉瓦”级装备了先进的指挥控制系统，包括对内对外通信系统、通信数据收集与处理系统、登陆战战术情报综合系统，以及大量的先进电子设备，可作为陆、海、空联合登陆作战的指挥舰使用。

此外，“塔拉瓦”级上有完善的医疗设施：300张病床和3个手术室；还有465平方米的训练室，能够根据前往的战区气候条件调节温度以使部队提早适应环境；传输系统能迅速在舰内调配货物；与车库连接的坡道允许车辆方便地前往飞行甲板。“塔拉瓦”级也是美国第一艘装备三坐标雷达（AN/SPS-52）的两栖战舰，主要用于远程搜索并具有一定的飞行管制作用。

“通用”是“塔拉瓦”级区别于“硫磺岛”级的最大特点，也就是能够同时搭载直升机、两栖登陆艇、陆战队员等多种两栖作战力量，可以根据任务的不同调整搭载力量的比例，从而实现了多任务在同一平台上的统一。一方面，该级舰综合了美国两栖攻击舰、船坞登陆舰和武装货船的功能，能够搭载一个海军陆战队加强营的人员和登陆、作战装备。另一方面，该级舰将直升机、陆战队员和装备按比例装在一艘舰上，可避免因专用两栖战舰被击沉，而使登陆部队完全丧失某一方面甚至全部的作战能力，从总体上又提升了两栖部队的抗毁能力。

“塔拉瓦”级两栖攻击舰在航速、装载能力、多功能作战运用方面较以前的两栖攻击舰有较大发展，满足了第二次世界大战后美国海军陆战队对两栖战舰的需求，为两栖攻击舰后来的发展奠定了基础。“塔拉瓦”级两栖攻击舰最大航速24节，续航力达1万海里，能够满足海军及海军陆战队快速机动和持续作战需求；装载更为均衡，可搭载不同类型的舰载直升机，具备两栖攻击舰、船坞登陆舰和武装货船所有的优点；可适应多种作战任务，包括直升机垂直登陆，利用登陆车辆和登陆艇进行平面登陆攻击，配备的先进指挥控制系统与设备可兼做两栖作战指挥舰，完善的医疗设施可为人员提供医疗服务等。

“超视距登陆”作战概念如何影响两栖攻击舰发展

美国海军陆战队认为，遭遇敌岸防力量阻击时，以往在距岸5～10海里处换乘登陆工具执行抢滩登陆的方式下，许多物资仍然需要通过转移到速度只有10节的登陆舰艇上实现登陆，为了确保及时到达滩头阵地，两栖运输舰和两栖登陆舰需进入敌方火力范围内放出登陆艇，使陆战队员面临巨大的危险。

“超视距登陆”又称“超地平线登陆”，是美军在20世纪80年代中期，立足于新一代登陆工具并着眼其发展提出的一种新的登陆作战理论，其实质是从敌方海岸目标和雷达探测距离（通常为25～30海里）之外发起的登陆作战，通过发挥新一代登陆工具快速机动的技战术性能，从敌方岸防部队火力范围以外的海域远距离发起快速攻击，在敌方做出有效反应之前突击上岸，迅速夺占敌方滩头阵地，同时使用远程装备袭击敌方纵深目标、打乱其岸防整体部署。“超视距登陆”的优势在于增加了作战战术的突然性与灵活性；从敌方探测距离外发动攻击，海上机动范围大，可降低登陆部队伤亡，并可有效扩大防御范围。“超视距登陆”作战实施的关键是平面与立体投送的速度。“超地平线登陆”理论的基础是当时已经成熟的两种装备：AV-8B“鹞-Ⅱ”战斗机和LCAC气垫登陆艇。前者需要更大的机库和甲板可用空间，后者需要更大的坞舱，“塔拉瓦”级显然已经无法满足新的需求。同时，如果新一级两栖攻击舰只有2万吨级，则不符合“均衡装载”的发展思想。从装备到理论，又从理论回到装备，“黄蜂”级就变成了比“塔拉瓦”级更先进的全新一级两栖攻击舰。

美国海军于20世纪80年代提出研制新一代两栖攻击舰，即“黄蜂”级两栖攻击舰的计划。“黄蜂”级两栖攻击舰是美国海军建造并装备的第三级专用两栖攻击舰，共建造8艘，首舰“黄蜂”号于1989年建成，最后一艘“马金岛”号于2009年服役，是美国海军的骨干力量之一。

“黄蜂”级两栖攻击舰在设计理念上较“塔拉瓦”级两栖攻击舰有较大改进。该级舰在初始设计中充分考虑搭载气垫登陆艇以及AV-8B“鹞”式战斗机

装载能力更为均衡的“黄蜂”级两栖攻击舰

的需要，在甲板布局及坞舱设计等方面均有较大改进。一是通过缩小车库甲板面积和货舱容积，以及取消部分舰载武器的方式来提供更多的空间。将车库甲板面积缩小到了1980平方米，仅有“塔拉瓦”级的73%；将货舱容积缩小到了3030立方米，只有“塔拉瓦”级的92%。腾出的空间全部用于容纳飞行器及相关设施，在突击模式下，“黄蜂”级能搭载42架。二是对坞舱进行了重新设计，一次能容纳3艘LCAC气垫登陆艇或12艘LCM-6机械化登陆艇，而“塔拉瓦”级一次只能搭载1艘LCAC或4艘LCU登陆艇。

“黄蜂”级两栖攻击舰的主要特点表现在：第一，装载更加均衡合理。该级舰设计理念十分清晰，主要执行两项任务，一项是以气垫登陆艇、机械化登陆艇和直升机运送陆战队员与装备，从敌视距外以40节以上的高速度实施超视距两栖突击；另一项是搭载AV-8B“鹞-Ⅱ”式战斗机进行空中支援和制海作战。实施两栖攻击任务时，“黄蜂”级两栖攻击舰可搭载30余架直升机和8架AV-8B战斗机；执行制海作战任务时，搭载20余架AV-8B战斗机及4～6架

“黄蜂”级巨大的坞舱足以容纳LCAC气垫登陆艇

重型直升机。同时，该级舰的大容量坞舱可容纳3艘大型气垫登陆艇或21艘机械化登陆艇，车辆舱能够搭载两栖突击车、主战坦克以及战术轮式车辆等。第二，“黄蜂”级两栖攻击舰多用途能力更强，医疗能力比“塔拉瓦”级提升一倍，并以其先进的指挥控制能力成为远征打击群和两栖戒备群的旗舰。

随着“黄蜂”级两栖攻击舰的服役，美国海军陆战队认为，两栖攻击舰配备了较完善的作战指挥系统，能够担负舰队指挥舰的角色，且能够执行有限的舰队防空、反舰以及对敌纵深打击的任务，能力范围得到拓展，“黄蜂”级已经成为一个远洋舰队背景下的多任务平台，可作为特混舰队的核心，而不再是像“塔拉瓦”级那样仅局限于两栖登陆方面的“多能”，因此称其为“多用途两栖攻击舰”。

从深层次看，这种转变的背后是美国海军关于两栖攻击舰设计思想的变化。冷战结束后，美国海军作战任务和样式发生了很大变化，两栖攻击舰的设计原则由过去的“均衡装载”演变为“能力均衡”。“均衡装载”仅从作战的角度强调要合理布局各类装备的搭载空间，成建制地运载作战力量，是通用型两栖攻击舰的理论基础。“能力均衡”则是为了满足作战行动多样化的需求，强调一艘两栖攻击舰要具备执行多种任务的能力，既要能够独立部署，又要在两栖戒备群中担任指挥舰，同时还是两栖特混舰队中的重要作战力量。

“黄蜂”级的末舰“马金岛”号（LHD-8）与前7艘舰在设计上有很大不同，船体稍微放大，满载排水量增至41335吨，体现了新一代两栖攻击舰的部分特征，其中最突出的就是采用先进的燃电混合动力系统，号称美国海军第一艘着重降低能源消耗与污染排放的“绿色军舰”。在动力系统上，“马金岛”号是美国海军第一艘使用综合电力推进系统的作战舰艇，装备了全新的复合燃气涡轮与电力推进动力系统，取代了复杂笨重且反应缓慢的蒸汽涡轮机，其主发电机为6部4000千瓦的柴油发电机组，是美国海军第一艘采用4160伏特输配电系统的非核动力舰艇。“马金岛”号在高速航行时以2台LM2500+燃气轮机驱动

采用了燃气轮机动力的LHD-8“马金岛”号，舰岛烟囱造型与后辈“美国”级非常相似

双轴可变距螺旋桨，中低速巡航改用电力辅助推进系统的方式，能够在低速航行时达到更好的燃油效率，并降低燃气涡轮与传动系统的机械损耗，延长寿命并降低全寿期费用。如果以电力推进代替1/4原本由燃气轮机供应的航程，则全寿期内的燃油费用比“黄蜂”级前7艘舰节省2.5亿美元。

新型作战概念与理论如何影响美军两栖攻击舰发展

冷战后，世界地区性冲突此起彼伏，美国海军战略“由海向陆”转变，2002年6月出台的《海军转型路线图》中提出将海军兵力划分成四个部分：一是12个航母打击群，二是12个远征打击群，三是9个水面作战行动群，四是4艘经过改装、能发射巡航导弹的“俄亥俄”级巡航导弹核潜艇。这37个打击群将覆盖全球海域的绝大部分，而远征打击群更是仅次于航母打击群的重要作战力量。

远征打击群是从两栖戒备群扩编而来的，主要任务是运送海外远征部队和海军特种部队，不用借助航母打击群就可以独立完成多种打击任务。其典型构成为：1艘两栖攻击舰、2艘船坞运输舰或两栖船坞登陆舰、1艘“提康德罗加”级导弹巡洋舰、2艘“阿利·伯克”级导弹驱逐舰（原为1艘“阿利·伯克”级导弹驱逐舰和1艘“佩里”级护卫舰）及1艘“洛杉矶”级攻击型核潜艇。同时，远征打击群的规模可根据具体情况灵活调整，如果应对更高程度的威胁，远征打击群就会重新进行配置，以具备适当的指控能力和必要的自我防御能力。与两栖戒备群相比，远征打击群虽然在人员投送数量上没有提高（2200名），但是具备更强的对陆火力支援以及较完善的防空、反潜能力。远征打击群不但能与航母打击群相互补充，形成高低搭配；还能够利用其灵活机动、独立投送的特点，在小到特种作战、大到局部冲突的任务中发挥越来越重要的作用。以12个远征打击群为主要组成形式的两栖舰队已成为美国海军中，同航空母舰、核潜艇并驾齐驱的三大核心力量之一。

为适应新的作战需求，近年来，美军先后提出“由海向陆机动作战”和

“舰对目标机动”等一系列新的两栖作战概念与理论。这些概念的实质是将两栖编队作为濒海作战和向陆上投送兵力的手段，并以此作为海军与陆战队联合作战的基础，在海军舰载火力支援下，使部队从位于视距外的两栖战舰平台直接到达内陆目标附近，实施超视距攻击作战，避免抢夺滩头阵地消耗时间与兵力，而作战指挥与控制、后勤和火力支援均由海上平台担当。不断完善的“由海向陆机动作战”和“舰对目标机动”等作战概念与理论已经逐渐成为美国海军研制新一代两栖作战平台的理论基础。

为适应“由海向陆机动作战”和“舰对目标机动”等新的作战需求，美国海军在20世纪初开始新一代“美国”级两栖攻击舰的研制工作。“美国”级两栖

攻击舰在“马金岛”号两栖攻击舰基础上改进设计发展而来，是世界上最大的两栖攻击舰，满载排水量达到4.5万吨，是投送美国海军陆战队远征部队的核心。一艘“美国”级两栖攻击舰可以携带12架MV-22B“鱼鹰”倾转旋翼机、6架F-35B“闪电-Ⅱ”垂直/短距起降飞机、4架CH-53E“超级种马”重型运输直升机、7架AH-1Z“蝰蛇”武装直升机、2架MH-60S“海鹰”搜救直升机。该级舰在设计之初就有通过改变舰载机搭载转型为中小型航母的能力，此时该级舰可搭载20架F-35B战斗机和2架MH-60S搜救直升机，具备强大的空中攻击火力，甚至超过世界上绝大多数的航母。“美国”级两栖攻击舰相比之前的“黄蜂”级，有以下几个突出的特点。

强化航空作战能力

为增强航空作战能力，“美国”级两栖攻击舰的总体布局和结构设计进行了较大调整，主要包括：一是去除坞舱等登陆装备（第3艘以后增设坞舱）。“美国”级所搭载的MV-22B“鱼鹰”倾转旋翼机和F-35B垂直/短距起降战斗机所需空间要远大于普通舰载机，MV-22B的空重和最大起飞重量达到AV-8B的2倍多，这两型机在维修时还必须展开机翼，需要更大的停放、维护、训练、燃料和弹药存储空间。“美国”级前两艘舰取消了“塔拉瓦”级和“黄蜂”级上的坞舱，将舷侧医疗区空间缩减了2/3，机库比“黄蜂”级增大了40%（正常情况下可以停放8架F-35B），油库、弹药库、航空维修区、零件与支援设备储存空间也进一步扩大，能够为MV-22B和F-35B提供更强的航空保障能力。二是使用航空燃油取代多余的登陆用压舱物。由于去除了坞舱，传统的登陆用压舱物变得多余，用JP-5航空燃油取而代之，使“美国”级的载油量比“黄蜂”级末舰“马金岛”号提高了1倍，可以装载更多的航空燃油。另外，“美国”级的燃气轮机也使用JP-5航空燃油，简化了两栖战舰的海上补给需求，提高了海上自持力。三是飞行甲板的改造。采用新型舰岛和航空维修点，将货运升降机设计为平甲板升降机，2部升降机分别布置在上层建筑中部和舰尾处。经过全新设计的飞行甲板与舰体长度相当，设有6个直升机起降点，可同时起降4架MV-22B。

强化隐身性能

为了有效降低“美国”级两栖攻击舰的被探测概率，其舰岛外形设计成大倾斜面，附属装备和电子天线也大大减少；舱内主机、辅机、传动等装置均配备了减震隔声的弹性支架；机舱及烟囱排气口等热源还设置了热敏式喷水冷却系统，有效减少了红外信号和水下声学信号，隐身性能得到极大提高。

强化编队作战能力

“美国”级的出现使远征打击群的打击能力得到进一步增强，其搭载的新

“美国”级两栖攻击舰立体图

型舰载机，配合舰队中的其他舰种可满足中低强度作战需求。由于舰载机性能和数量的增加，远征打击群在执行制海任务时完全可以抗衡对方非航母水面舰艇编队或轻型航母编队，部分替代航母舰队作用，使航母用于其他高强度冲突地区。

● 强化电子战能力

“美国”级两栖攻击舰配备了完善的协同作战系统、数据链、作战指挥系统，并具备应用美国全球信息网络的能力。舰载雷达包括对空搜索雷达（AN/SPS-48E）、对空警戒雷达（AN/SPS-49）、对海搜索雷达（AN/SPS-67）、空中管制与导航雷达等。防御系统配备了SYS-2综合防御系统、电子侦察系统、鱼雷诱饵及干扰火箭发射架等装备。

俄罗斯两栖攻击舰的发展历程

第二次世界大战后，苏联先后发展了3型船坞登陆舰，对发展两栖攻击舰不感兴趣。20世纪80年代初，受国外尤其是美国海军垂直登陆战术理论的影响，苏联海军着手研制两栖攻击舰，但由于受苏联解体的影响，该计划随后夭折。苏联解体后，俄罗斯由核威慑战略转向现实核遏制战略，加上国内经济衰退也未重视发展两栖攻击舰。在2008年的俄格冲突中，尽管俄军对格海军形成了压倒优势，但老式登陆舰限制了俄军的登陆作战能力，促使俄罗斯开始重视发展两栖攻击舰。鉴于俄罗斯国内已有20余年没有建造过大型水面战斗舰艇、缺乏大型舰艇的建造经验，经过细致分析与长期评估，俄罗斯国防部于2011年6月决定采购4艘法国的“西北风”级两栖攻击舰，首批采购2艘。

俄罗斯黑海舰队登陆舰穿越博斯普鲁斯海峡

2014年，俄罗斯向叙利亚发起了北约称为“叙利亚特快”的军事行动，即通过海运向驻叙俄军运送设备和物资，以支持介入叙利亚内战。当时，俄罗斯海军共有20艘大中型船坞登陆舰，平均役龄超过30年，甚至有些接近50年，在长达2年的高强度军事运输中，这些船坞登陆舰不堪重负，故障率极高，严重影响了运输效率。俄罗斯为此不得不从乌克兰、土耳其和希腊购买9艘民用运输船以缓解运输压力。“叙利亚特快”行动充分证明，俄罗斯海军的两栖作战理念和作战能力已经落后于世界潮流，这也让俄罗斯海军深刻认识到两栖攻击舰在现代局部战争中的灵活性和突出效能，坚定了俄罗斯海军发展两栖攻击舰的决心。

2014年克里米亚事件后，俄罗斯受到西方制裁。法国起初想继续执行合同，但在“西北风”级两栖攻击舰即将达到交付期的最后时刻，法国迫于美国的压力，撤销了出售合同。这对急需新型两栖攻击舰的俄罗斯海军是一个沉重打击，俄罗斯海军下定决心独自研制新型两栖攻击舰。2017年7月20日，俄罗斯政府发布的《2030年前俄联邦海洋军事领域国家政策基础》指出，基于世界强国争夺海洋资源和海洋运输通道行动的愈演愈烈，俄罗斯必须提升海军集群的作战能力并对其实施现代化改进，向外界传递了俄罗斯海军研制新型两栖攻击舰的信号。随后发布的《2027年俄国家武器发展规划》中，俄罗斯海军明确了研制新型两栖攻击舰的初步计划，提出要在2020年5月在克里米亚刻赤海湾造船厂启动建造2艘两栖攻击舰，首舰将于2027年交付俄罗斯海军。

尽管俄罗斯海军对研制23900型两栖攻击舰非常乐观，但海湾造船厂从未建造过两栖攻击舰，俄罗斯海军也从未研制过两栖攻击舰，由设计到建造再到列装需要一个漫长时期，因此能否按时、按质交付充满未知的变化。

俄罗斯23900型两栖攻击舰

2020年7月20日，俄罗斯海军举行2艘23900型两栖攻击舰的开工仪式，分别命名为“伊万·罗戈夫”号和“米特罗凡·莫斯卡连科”号，由泽廖诺多利斯克设计局设计，刻赤海湾造船厂建造。预计于2026年服役，将成为除“库兹涅佐夫”号航母以外俄罗斯海军最大的水面作战舰艇。

23900型两栖攻击舰长220米，宽38米，标准排水量2.5万吨，满载排水量3万余吨，海上自持力60天，续航力5200海里，设有一个大型坞舱，可携载4艘气垫登陆艇以及75辆坦克、步战车、自行火炮，搭载20余架卡-27、卡-29、卡-31、卡-52K等多型舰载直升机，900名海军陆战队员实施两栖登陆作战。由于俄罗斯拥有“雅克”141垂直/短距起降飞机的技术，后续不排除对“雅克”141进行改造，未来垂直/短距起降飞机上舰的可能性很大。23900型两栖攻击舰将配备舰载版“铠甲-M”防空系统和100毫米的A-190型舰炮，进一步强化该型舰的近程防御能力，未来有可能搭载“锆石”高超音速反舰导弹。

俄方公布的23900型CG效果图

法国两栖攻击舰的发展历程

法国的两栖战舰是在第二次世界大战以后逐步发展起来的。20世纪60—70年代初，法国海军研制了第一代两栖战舰——“飓风”级船坞登陆舰。该级舰共建造2艘，分别于1965年和1968年开始服役。1983年，法国海军开始研制“闪电”级船坞登陆舰，2艘舰分别于1990年和1998年交付。

进入20世纪90年代后，冷战结束，世界形势呈新的走向，世界海军力量结束原有的两大集团远洋对峙状态，逐步转变为大国海军在近海应付中小国家海军突击、登陆以及反恐、参与维和等多任务角色，而两栖战舰正是实现这一转变的最重要的工具之一。随着国际环境的转变，各国海军想要适应现代战争与军事行动的要求，多用途的新型两栖战舰在其战略体系中就显得尤为重要。法国已有一支较强的两栖舰队，装备有2艘“闪电”级和2艘“飓风”级大型两栖船坞登陆舰，但法国只有1艘“戴高乐”号航母在役，假若“戴高乐”号航母处于大修的状态，便不能提供联合作战的指挥平台和有力支援垂直登陆的

法国海军“飓风”级两栖船坞登陆舰

法国海军TCD-90“闪电”级两栖船坞登陆舰

舰艇，这与其海上强国的地位太不相称。而“飓风”级舰龄超过40年，过于陈旧，难以适应现代两栖作战的需要。

2000年，法国海军决定建造“西北风”级两栖攻击舰，2002年完成设计。法国圣纳泽尔船厂负责建造首舰的舰首和舱室模块，布雷斯特船厂负责建造中部、舰尾，并承担全舰总装合拢任务。3艘“西北风”级——“西北风”号、“雷电”号和“迪克斯迈德”号已经分别于2006年、2007年和2012年服役。

法国“西北风”级两栖攻击舰的特点

“西北风”级两栖攻击舰是一种平战结合、一舰多用的新一代两栖攻击舰，满载排水量22000吨，舰长199米，舰宽32米，吃水6.3米；动力系统由4台柴油

“西北风”级装备的L-CAT双体登陆艇

机（其中1台为辅助动力）和2台“美人鱼”全向推进器组成，双轴，最高航速18.8节，续航力11000海里/15节，舰员编制160人（军官20人）；武器系统包括2门30毫米舰炮，4挺12.7毫米M2HB重机枪，2座“西北风”防空导弹发射装置；运载能力为武装人员450人（可扩至900人），60辆装甲车或12辆主战坦克，230辆其他车辆，4艘LCU通用登陆艇或2艘气垫登陆艇，可搭载16架重型直升机或35架轻型直升机，还建有配备69个床位的医疗设施；电子设备为DRBN-38A（迪卡Bridge Master E-250）导航雷达和MRR 3D G波段对空/对海警戒雷达；2套光电火控系统；SENIT-9作战数据管理系统；SIC-21指挥支援系统；1套“锡拉库斯-3”卫星通信系统；1套国际海事卫星通信系统；11号和16号数据链。

“西北风”级两栖攻击舰是适应“均衡装载、一舰多用”等现代两栖作战理念的代表舰种，既可以在任何海岸独立执行两栖作战任务，又可担负反潜、反舰、防空、编队指挥等多种任务，还可以作为后勤保障供应舰以及承担海上小型舰船的应急维修等多种任务。按照法国海军的需求，“西北风”级两栖攻击舰的研制目的是与法国原有的“闪电”级两栖船坞登陆舰配合使用，以完善两栖作战体系。虽然吨位、尺度、火力支援及投送装备能力较美国的两栖攻击舰有较大差距，但“西北风”级两栖攻击舰在均衡装载和多任务能力方面具有明显特点。

“西北风”级结构图

首先，在支援两栖作战方面，“西北风”级两栖攻击舰具有较强的装载能力，设置了面积达1800平方米的直升机库。该级舰采用全通甲板设计，飞行甲板面积5200平方米，设有6个直升机起降点，其中5个可起降16吨级的直升机，最前端起降点可承受CH-53“超级种马”直升机33吨的重量。舰尾设有60米长的船坞，可搭载2艘气垫登陆艇或4艘通用登陆艇，舰上设有2层车辆甲板，可装载60辆装甲车或12辆主战坦克。

其次，“西北风”级多任务能力较强，其850平方米的联合作战指挥区域可配置150名操作人员。该区域采用开放式结构，可自由安放移动式指挥设备以及相关终端和显示器；配备完善的通信设施，具有高频、甚高频、超高频和战术数据链通信能力，内部工作站可通过模块化组件进行扩展，满足多国联合作战指挥的需求。该级舰还设有专用的通信航空控制和作战管理区域，舰上安装的SENIT-9作战管理系统可以提供实时的指挥和控制。此外，“西北风”级两栖攻击舰还可承担联合军事行动的准备和指挥工作，支持在距最接近作战区域的海岸28千米处设置一个参谋部，为其配备指挥一次作战行动所必需的全部现代化装备，尤其是通信设施。同时，该级舰还可作为医疗和救援船，在执行人道救援和撤运平民等非作战任务中发挥重要作用。

最后，高新技术的运用提高了“西北风”级舰的自动化程度。法国海军赞誉“西北风”级两栖攻击舰“好用不贵”。“西北风”级两栖攻击舰可完成一部分一般由航母才能完成的任务，但其造价只有航母的10%，而且易于保养维修，舰上4台柴油交流发电机的大修间隔时间达1.2万小时，检修时间只需36小时，并可在航行中进行。这种优势使得“西北风”级两栖攻击舰能够随时应对全球各种突发事件。

“西北风”级设计上注重提高舰员生活质量，舰上设有一个150平方米的体育馆，普通舰员舱室为4～6人一间，高级军官舱室装修豪华舒适。

法国海军“西北风”级两栖攻击舰

西班牙“胡安·卡洛斯一世”号两栖攻击舰的特点

“胡安·卡洛斯一世”号两栖攻击舰是西班牙首次建造的多用途舰，主要作战任务是支援登陆作战，该舰具备较为典型的滑跃起飞航母的特点。“胡安·卡洛斯一世”号两栖攻击舰亦称“战略投送舰”，具备垂直投送能力。“胡安·卡洛斯一世”号由纳凡蒂亚造船公司费罗尔船厂承建，2004年3月签订建造合同，2005年5月20日开工，2008年3月10日下水，2010年服役。

“胡安·卡洛斯一世”号舰体全长231.3米，垂线间长205.7米，舰宽32米，水线宽29.5米，型深27.5米，吃水6.8米；标准排水量19300吨，满载排水量27500吨；动力系统采用1台LM2500燃气轮机和2台柴油机，总功率35.5兆瓦，最大航速22节，持续航速19.5节，续航力9000海里/15节；舰员编制245人；可运载900名全副武装的陆战队员。

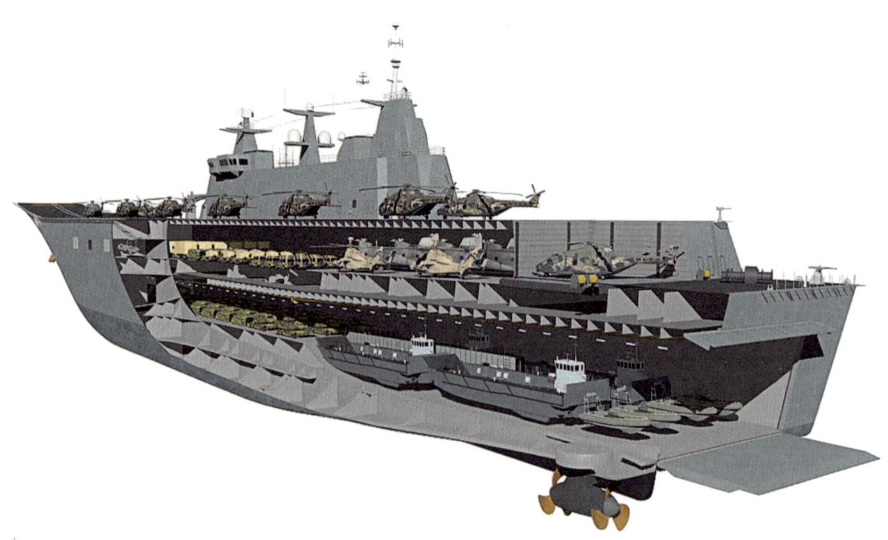

“胡安·卡洛斯一世”号结构

“胡安·卡洛斯一世”号战略投送舰

该舰总体上采用了航母的舰型，不过保留了登陆舰特有的高干舷设计，考虑到在浅海水域的作战行动，吃水较浅。从外形上看，“胡安·卡洛斯一世”号与法国的“西北风”级一样，显得很肥大，有利于提高稳性、增大舰内容积，这也可以看出现代两栖舰更注重适航性、装载能力和海上自持力，对高速性没有做过多考虑。

该舰动力系统的设计是一项重大创新，采用了全新的无舵综合电力推进方式，装有1台美制LM2500燃气轮机和2台HOIST-720-32/40-MAN-16V柴油发电机（总功率35000马力），推进装置采用吊舱式电力推进装置（POD）。这种推进装置的交流驱动电机吊挂在舰艇底部的吊舱内，由1台变频器供电和控制。吊舱带动螺旋桨，可旋转360度，因而可在任何需要的方向上产生推力，免除了减压器、传动轴、方向舵、桨架和舰尾驱动器，这种推进方式安静性能好、推进效率高、启动运转速度快，是未来大型水面舰艇动力的发展趋势。

在设计上，该舰遵循以“两栖”服从“航母”的原则，如飞行甲板、机库、升降机等按照航母需求进行设计和布局；两栖作战特有部分，包括尾部坞舱、车辆甲板等根据两栖作战需求设计。因此，该舰很多部位沿用了“阿斯图里亚斯亲王”号航母的设计，方形尾部则体现了两栖战舰的特点。“胡安·卡洛斯一世”号的飞行甲板为直通式，长202.3米，宽32米，舰首左舷为倾角12度的滑跃式甲板，右舷为水平甲板，甲板上共设有6个直升机起降点，可供NH-90直升机、CH-47“支努干”重型直升机、AV-8B“鹞-Ⅱ”式垂直/短距起降飞机的起降作业，而且可以保证在战时搭载并使用美国F-35B“闪电”Ⅱ联合攻击战斗机。此外，舰首右舷侧还有1个救援直升机的起降点。舰上设有2部升降机，分别位于舰岛前方和飞行甲板末端中部。

该舰的机库长约138.5米，宽22.5米，前部右舷空间被升降机占用，后部升降机安装在机库外面。飞行器容纳数量因机种而不同，其中一种停放方式是12架CH-47直升机和10架AV-8B飞机，加上飞行甲板上露天停放的飞机，舰载机总数可超过30架。机库还可兼作车辆库，靠近左舷中部的地方设有通往车辆甲板的固定跳板，但基本用于轻型车辆停放，重型车辆还是停放于车辆甲板。根据不同的运用方式，可采取不同的飞行器与车辆搭载组合。

在机库下为重型车库和坞舱层，与舰尾的船坞相通。船坞长69.3米，宽16.8米，面积约1163平方米，坞舱门长16.5米，高11.5米，能容纳4艘LCM-

“胡安·卡洛斯一世”号主甲板

IE高速机械化登陆艇或6艘LCM-8机械化登陆艇或1艘LCAC气垫登陆艇，另外还可搭载“超级猫”硬壳充气艇。坞舱必要时也可作为车库使用，共可停放46辆M60T主战坦克或“豹”2A4主战坦克。该舰搭载的LCM-IE高速机械化登陆艇是西班牙自行设计建造的，长23.3米，宽6.4米，吃水1.1米，主机为2台柴油机，驱动2部喷水推进器，航速14节，满载排水量108吨，比美国海军的LCM-8机械化登陆艇略大。

作为一款新型舰艇，“胡安·卡洛斯一世”号在隐身性能上也下了功夫，全舰上层建筑各壁面都采用内倾设计，采用封闭式桅杆，尽量减少外露物，采用红外抑制手段等减小雷达和红外信号特征。

人员运输方面，该舰的人员编制为243人（24名军官、49名士官和170名士兵），可搭载参谋人员103人、登陆部队902人、航空人员172人、其他人员234人，累计1443人。根据运用状态，搭载人员的数量会有较大不同。此外，在机库内还可临时增设住宿用集装箱，舰上可接纳20%的女性官兵。舰最下层有宽阔的居住舱和1个医疗区，医疗区配备有救护车和多种医疗设备。

舰载武器方面，该舰没有进攻性武器，仅装有4座20毫米单管炮和2挺

12.7毫米单管机枪。这些武器布置在舰岛前烟囱后方右侧、舰首右舷和舰尾系留甲板左右舷，以后可能装备近程舰空导弹发射装置和近防武器系统，预计装在飞行甲板前后部的右舷。在干扰装备方面，舰上装有红外箔条发射装置和SLQ-25鱼雷诱饵系统。前者装在前后甲板和舰首左舷的外飘处，布置在机枪附近，后者装在第3甲板舰尾右舷侧。未来还可能装备水雷对抗系统。

电子设备方面，舰上有完备的C4ISR系统。作战指挥控制系统实现了网络化，舰岛上装有多种天线。舰内的各种信息系统也实现了综合集成，通信系统实现了一体化，装有11号、22/16号数据链。另外还装有民用和军用卫星通信系统，其他舾装品大多为民用产品。

该舰在设计上要求适应多样化任务的需求，实施了满足多种需求的区域配置和舾装，但由于舰内空间被各种设备挤占，虽然舰体体积很大，但是货物装载能力却差强人意。作为航母使用时，宽大的车辆甲板空闲浪费，且航速较低。

作为西班牙海军有史以来吨位最大的战舰，“胡安·卡洛斯一世”号通过搭载不同型号直升机，可执行两栖突击登陆、反潜、对地/对海攻击等多种任务，不仅用于支持海军陆战队和陆军部队的机动作战，而且可承担航母的职责，成为海上作战力量的战略投送平台。“胡安·卡洛斯一世”号与2艘“加利西亚”级船坞登陆舰及其他水面战斗舰艇组成编队，使西班牙海军真正拥有了2支远洋作战编队，能在大西洋和地中海同时担负机动作战任务，使西班牙海军在保卫海运线、干预地区危机、向岸投送力量等方面的能力得到进一步加强。此外，该舰未来还会加入欧洲快速反应部队，重点承担向岸投送兵力以及担当编队旗舰的任务，成为欧洲统一防务中举足轻重的一环。

意大利“的里雅斯特”号两栖攻击舰的特点

“的里雅斯特”号全长245米，最大宽度36米，标准排水量2.5万吨，满载排水量3.3万吨，其主尺度在整个欧洲仅次于英国海军的“伊丽莎白女王”级

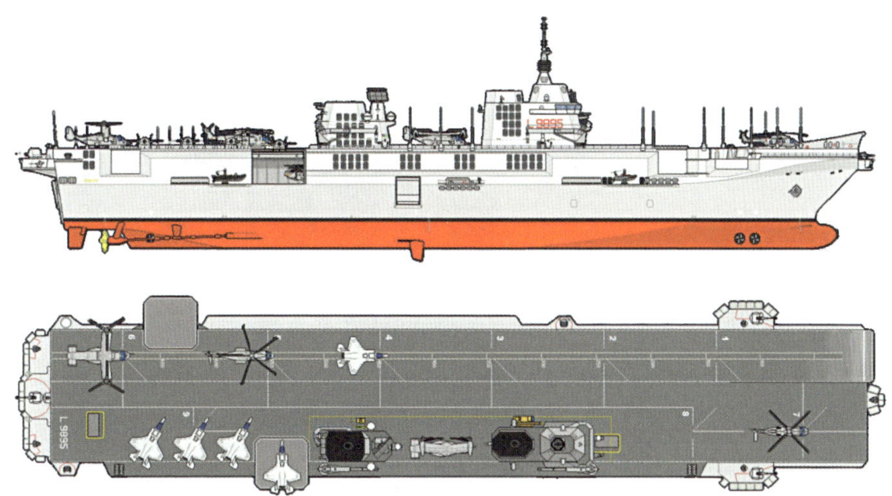

“的里雅斯特”号两栖攻击舰

“的里雅斯特”号两栖攻击舰效果图

和法国海军的“戴高乐”号航母，是欧洲最大的两栖战舰，即使在全世界范围内，也仅次于美国海军的“黄蜂”级和“美国”级两栖攻击舰。该舰的自动化程度较高，舰员编制仅为200人。

“的里雅斯特”号配备了齐全的探测和武器装备。舰上不仅安装了L波段三坐标远程预警雷达，而且在两个舰岛上分别安装了四面S波段有源相控阵雷达固定阵列和X波段相控阵雷达固定阵列。舰上布置3座“奥托·梅莱拉”76毫

“的里雅斯特”号两栖攻击舰下水

米舰炮，在船体前端两侧靠前位置和舰尾中部分别设有1座，还有3座25毫米舰炮；前部还设置了2组八联装“席尔瓦”A50垂直发射系统，可装填16枚“紫菀”30防空导弹或32枚CAMM-ER防空导弹。

“的里雅斯特”号可灵活装载多型装备，甲板上设置了9个起降点，其中2个可起降CH-47、CH-53等重型直升机，并具备起降AV-8B“鹞”和F-35B“闪电”Ⅱ战斗机的能力，其余起降点可以起降AW-101/EH-101或A-129/SH-90直升机等。甲板下设有机库，既可装载飞机也可临时容纳两栖车辆。“的里雅斯特”号分为制海和制空模式，两种模式下分别最多可搭载12架中型直升机和6架F-35B战斗机。该舰尾部设有一个50米长的坞舱，可携带包括LCAC气垫登陆艇在内的多种型号登陆工具，船体左侧还携挂有2艘LCU人员登陆艇和2艘RHIB突击艇，总计能够搭载和输送800名登陆兵。

总之，“的里雅斯特”号具备较全面的探测、通信指挥和武备系统，双舰岛的设计也利于信息装备的布置和安装，将成为未来意大利海军舰队的指挥中枢。“的里雅斯特”号及后续两舰服役后，将取代现役“加里波第”号航母和3艘“圣乔治”级船坞运输舰，使得意大利海军拥有欧洲最强的两栖作战力量。意大利作为北约成员国，未来有可能将该舰编入北约海军编队，充当北约应对地区局势变化的重要两栖作战力量。同时，“的里雅斯特”号的主要任务是两栖登陆作战，兼顾低烈度的海战，虽然能力较为全面，但任何一方面的能力都不突出，特别是坞舱仅有50米长，携载登陆工具数量较少，严重影响两栖输送能力，而最多6架F-35B战斗机搭载能力也严重限制了其争夺作战海域制空权的能力。因此，“的里雅斯特”号未来将更多地以编队形式出现，独立遂行任务的可能性非常小。

澳大利亚“堪培拉”级两栖攻击舰的特点

“堪培拉”级以西班牙海军“胡安·卡洛斯一世”号战略投送舰为原型研制，因此在设计上差别不大，外形与西班牙“胡安·卡洛斯一世”号相似，采用了全通飞行甲板，岛式上层建筑。首部设有一个升角为13度的滑跃起飞甲

“堪培拉”级两栖攻击舰

板，可用于短距起飞F-35B战斗机，必要时稍加改装便可当作轻型航母使用。全通甲板上设有6个直升机起降点，可同时搭载6架MRH-90直升机，面积达4750平方米，不仅可以供本国的“虎”式攻击直升机、MH-60、MRH-90等通用直升机使用，还能直接让美军的MV-22倾转旋翼机、CH-46、CH-53等运输直升机起降。舰尾设有机库，面积990平方米，可装载11架MRH-90直升机。舰岛前部和舰尾各布置有1台升降机，与舰内的车辆甲板大舱相通，以便飞行甲板上装载的车辆上下调度移动；同时也可将物资从下层甲板往上运，以便直升机空运。该级舰满载排水量26800吨，长230.8米，宽32米，吃水6.0米，舰员358名，可搭载1046名士兵。

舰体中部共设有两层车辆甲板，总共可装载150辆各型车辆，上层为轻型车辆甲板，与机库相连，总面积约1880平方米；下层为重型车辆甲板，与坞舱相连，总面积约1410平方米，主要用于装载主战坦克等重型装备。后部直至尾门处则是存放气垫登陆艇的坞舱，坞舱面积1165平方米，可同时装载4艘中型登陆艇或2艘LCAC气垫登陆艇。

“堪培拉”级两栖攻击舰作为澳大利亚向海外投射兵力的平台，在武器装备的设计上并不强调自身的进攻能力，重点是突出作战人员和装备的搭载运送能力，因此舰上并没有装备进攻性武器，仅象征性地装备了近防炮和近程防空导弹系统，真正的进攻性武器是搭载的各型舰载机。“堪培拉”级的防御武器包括4座20毫米6管MK15 BlockIB“密集阵”近防武器系统和1座“拉姆”近程防空导弹系统。该级舰搭载的舰载机包括F-35B垂直/短距起降飞机、S-70反潜直升机和NH-90多用途直升机。

随着“堪培拉”级的建成服役，澳大利亚已成为南太地区唯一拥有大型两栖战舰或准航母的国家。如果每艘“堪培拉”级搭载20～30架F-35B，那么澳大利亚海军将拥有2支以“堪培拉”级为旗舰、能部署40～60架F-35B的两栖编队，可对周围1000多千米范围内的海上和空中目标进行打击；或进入印度洋和西太平洋执行海上护航、战略遏制、维和、大规模灾难救助、海上执法和两栖作战支援等任务，使澳大利亚真正成为拥有较强海外行动能力，并能在亚太事务中发挥重要影响力的国家。

韩国“独岛”级两栖攻击舰的特点

“独岛”级两栖攻击舰采用全通式飞行甲板以及位于侧舷的舰岛，设有可装载登陆工具的坞舱，登陆工具由舰尾的大型闸门进出。舰首略带弧状，在恶劣海况下能减轻舰体的摇晃。舰岛前方设有1部起吊能力19吨的大型起重机，用来装卸登陆工具与物资。“独岛”级分为15层甲板，在重要部位加装钢质装甲，舰内划分为5个火灾防护区域与3个核生化防护区域，即便有3个水密隔舱破裂也不会沉没。“独岛”级的外观具有一定程度的隐身设计，舰岛与舰体造型力求简洁，尽量减少开口与突出物，此外舰岛与其上的塔式桅杆也都采用倾斜表面以降低雷达截面积。“独岛”级舰体后段的坞舱长26.5米，宽14.8米，可容纳2艘LCAC气垫登陆艇或12辆AAAV两栖突击车。“独岛”级编制320名舰

“独岛”级造型十分简洁，隐身效果出色

员，可搭载600～830名全副武装的士兵（标准为720人），车辆甲板可搭载10辆主战坦克以及数十辆两栖装甲车辆。

“独岛”级可搭载10架大中型运输直升机，其飞行甲板长179米，宽31米，甲板的一侧设有5个直升机起降点，可同时供5架直升机起降操作，舰岛后方另有2个直升机停放点。下甲板的机库挑高占两层甲板，长115米，宽29.6米，最低高度6.2米，能容纳10架SH-60直升机或EH-101直升机并进行各类维护作业，或者用来放置车辆与装备；舰岛前、后方各有一台用来运送直升机往返于机库与飞行甲板间的大型升降机。根据韩国海军的设想，“独岛”级能使用5～8架直升机在30分钟内将登陆部队输送完毕。

“独岛”级拥有完善的侦察预警和指挥控制系统，采用了性能先进的SMART-L三坐标多波束主动相控阵雷达，最大空中探测距离达400千米，可跟踪目标数百批，还配备了MW-08 3D C波段中程对空/海搜索雷达以及SLQ-200（V）5K SONATA电子战系统。为了强化在近岸作战的视觉侦测能力，“独岛”级还配备一套光电日/夜间监视与目标追踪系统（TEOOS）。在飞行甲

“独岛”级效果图

板与机库甲板之间设有面积达1000平方米的作战指挥中心，布置了BAE系统公司的KDCom1作战管理系统，该系统采用分布式架构，拥有8个多功能显控台，共有100个处理器。

舰载武器方面，“独岛”级在舰首以及舰岛后端布置了荷兰“守门员”近防武器系统，并在舰岛顶端设有21联装MK-49“拉姆”近程防空导弹发射装置。

国外两栖运输舰发展概述

两栖运输舰是美国在第二次世界大战中为开辟欧洲第二战场和在太平洋岛屿实施登岛作战而率先研制的舰种。两栖运输舰主要用来运输两栖登陆作战人员、作战物资和技术装备，有专门建造、也有在战时由商船紧急改装的。两栖运输舰一般不直接将登陆部队、车辆、坦克和物资等送上滩头，而是先将登陆部队、装备及物资航渡运输到海岸附近，再由机械化登陆艇和直升机转运上岸。

为什么两栖船坞运输舰是最典型的两栖运输舰

两栖船坞运输舰是美国海军吸取了第二次世界大战中登陆作战的经验教训后，于20世纪60年代末推出的一个舰种，体现了“垂直登陆、均衡装载”的两栖作战新思想。两栖船坞运输舰的满载排水量一般为数千吨至2万多吨，最大航速20多节，设有坞舱、装载大舱、登陆兵舱及其他装载舱，舰上还设有直升机平台。坞舱长度一般约占舰长三分之一，可装载3艘大型登陆艇或10～20艘中型登陆艇或40～50辆两栖车辆。坞舱有固定的顶甲板，可作为直升机的飞行甲板。舰上有压载系统，包括压载水舱、压载泵或空气压缩泵，用来调节舰艇的吃水，使坞舱进水或排水，以便登陆工具的装卸或进出。舰上有货物搬运系统，主要由垂直运送机、桥式行车和斜坡板等构成，能迅速将各种装载物从存放位置移动到坞舱和上甲板，而后装载到登陆艇或直升机上运送上岸。

在两栖登陆作战中，两栖船坞运输舰扮演着十分重要的角色，承担了由海上向陆地运送作战部队和装备的任务。舰上搭载的登陆艇和直升机可以实现“平面登陆”和“垂直登陆”相结合的立体化运送，快速完成由舰向岸的人员和物资运送，为两栖作战提供支持。两栖船坞运输舰还能够在必要的时候代替指挥舰，进行小范围的两栖作战指挥。

两栖船坞运输舰的特点

● 运载能力全面

两栖船坞运输舰在设计上集中了多种运输平台的特点，能够运送作战人员以及包括装甲车辆、气垫登陆艇、机械化登陆艇和直升机在内的多种武器装备。在“均衡装载”的指导思想下，两栖船坞运输舰可以成建制地运送部队和装备，独立执行两栖作战任务，从兵力构成和统一指挥等角度上看都有利于提高两栖作战的效率。

英国海军“海神之子”级船坞运输舰

“圣安东尼奥”级船坞运输舰是该类型舰艇中的佼佼者

船坞运输舰同样具有巨大的坞舱来装载气垫登陆艇

- **生存能力较强**

在作战时，两栖船坞运输舰不直接靠岸，而是通过气垫登陆艇、机械化登陆艇和直升机等更小型的登陆工具，在视距范围内向岸运送部队和装备，有效减小了敌岸上火力摧毁运输舰的危险。此外，两栖船坞运输舰还配备了一定数量的防空和反潜武备，自我防御能力优于普通的军事运输平台。

- **对动力装置要求高**

除了工作可靠、生命力强、启动时间短、工况转换快、经济性好之外，两栖船坞运输舰的动力装置还应满足一些特殊要求。由于配有大型坞舱，而且机舱往往设在坞舱甲板下面，因此对主机高度的要求比其他舰艇苛刻。另外，登陆艇进坞必须在低速航态下进行，要求主机具有良好的低速运行性能。

- **用途多样化**

两栖船坞运输舰在设计时强调“一舰多用，平战结合”。除了运送部队和装备外，还作为临时的医疗救助和维修平台，必要时甚至承担指挥舰的任务。在和平时期还可以转为民用，用于抢险救灾和人道主义救援，多方向地发挥效用。

目前，美国、英国、法国、俄罗斯等主要海军强国都拥有性能先进的两栖船坞运输舰，荷兰、西班牙和日本等舰船工业发达的国家也具备研制两栖船坞运输舰的能力。大多数国家的现役两栖船坞运输舰于20世纪建造，针对21世纪作战环境的代表型号主要是美国的“圣安东尼奥”级和英国的“海神之子”级。

两栖运输舰的主要搭载装备

两栖运输舰的主要搭载是投送装备。美国海军两栖运输舰搭载的典型投送装备主要有运输直升机和气垫登陆艇、通用登陆艇等。

两栖运输舰搭载的典型投送装备

• MV-22“鱼鹰”倾转旋翼机

MV-22“鱼鹰”倾转旋翼机的研制始于1982年美国国防部提出的多用途垂直起降飞机研制计划（JVX计划），贝尔直升机公司和波音直升机公司先后在XV-15的基础上联合研制倾转旋翼机，最初由美国陆军负责。1985年1月正式命名为V-22“鱼鹰”，海军陆战队采购的运输型称为MV-22，1989年完成首次试飞，1990年12月在航母上进行海上飞行试验。V-22“鱼鹰”机身长17.33米，机高5.28米，外形整体呈矩形，机舱长7.37米，宽1.55米，高1.57米，机舱内的容积高达24.3立方米，可运载24名全副武装的士兵或12副担架及医务人员，也可在机内装载9072千克和外挂6804千克货物。美国海军陆战队使用的基本运输型的型号为MV-22B。

MV-22B倾转旋翼机

“鱼鹰”具有多种优异的性能：一是飞行速度快。海平面巡航速度240千米/小时（采用直升机方式飞行）和509千米/小时（采用固定翼方式飞行）。二是航程远。在满载、垂直起降状态时为2225千米，满载、短距起降时为3336千米。三是运输能力强。短距起降时，最大起飞重量为27442千克。四是具备空中受油能力。借助空中加油，从美国西海岸飞往太平洋中部岛屿仅需要一天多时间，而普通直升机则需要一周多时间。另外，它还可进行全天候低空飞行，维护工时较少。特别是它为满足海军陆战队在两栖攻击舰上着舰的使用要求，机翼可翻转到与机身并行的位置，旋翼可在90秒内完成折叠。

• CH-53重型运输直升机

CH-53重型运输直升机是美国于20世纪60年代研制的一型军民两用双发重型运输直升机，也可用于反潜和救援。CH-53K是其不断改进后现役的最新型号。换装了3部动力更强劲的GE38-1B 6000马力发动机，与CH-53E的T64发动机相比，功率增大57%，耗油率降低18%，零件数减少60%。此外，采用了整机电传操纵控制技术和新型翼尖后掠桨翼。CH-53K可携带12300千克有

CH-53重型运输直升机

效载荷，执行半径200千米的运输任务，可携带2辆“悍马”车或一辆LAV轻型装甲车。在物资投送方面，可以挂载3台重达4083千克的装备分别投放到3个着陆区，比原有直升机的投送能力至少增加2倍。为提高效能，CH-53K直升机采用了复合材料制成的机身、分流式液力变速箱、合成橡胶旋翼毂以及具有上反角翼尖的第四代转动叶片等。同时参照阿富汗山区作战的经验，提高了高温、高海拔条件下的使用性能。

两栖运输舰可装载哪些海军陆战队火力支援装备

美国海军陆战队的火力支援装备主要有M777榴弹炮、高机动火箭炮系统、远征火力支援系统以及导弹武器系统，此外还有陆战队航空兵的AV-8B“鹞-Ⅱ”式战斗机和F-35B“闪电-Ⅱ”战斗机。

美国海军陆战队1997年开始研制M777榴弹炮，2005年开始装备部队。该型炮为减轻重量，大架、座盘、摇架、驻锄等部件使用了轻合金材料，系统全重只有4.4吨。该型炮打击精度高，除可以使用现有155毫米炮弹以外，还能发射制导炮弹；使用普通炮弹的最大射程是24.7千米，发射增程制导炮弹时可达30千米，如果使用“神剑”GPS制导炮弹，最大射程可达40千米，圆概率误差在10米左右。

高机动火箭炮系统（M142 HIMARS）由M270火箭炮的1组六联装发射装置、5吨级6x6中型战术卡车底盘、火控系统和自动装填系统等构成。系统全重约11吨，可利用C-130运输机空运，着陆后15分钟就可做好战斗准备。该系统的射速为8秒1发，再装填可在8分钟内完成。使用普通火箭弹的射程是32千米，使用最新加装GPS的M30制导式GMLRS火箭弹（内置420枚子弹药）有效射程可达60～65千米。

远征火力支援系统（EFSS）是为海军陆战队远征部队的空中突击部队和两栖登陆部队提供全天候的间瞄火力支援，打击的潜在目标包括摩托化部队、轻装甲目标、有生力量、指挥控制系统和敌方的间瞄火力系统。远征火力支援

M777榴弹炮

M142 HIMARS火箭炮

系统主要由1门M327式120毫米迫击炮和一辆M1163型“咆哮者”轻型牵引车组成。AV-8B“鹞”式战斗机是美国与英国联合研制的短距/垂直起降战斗机。该型机原为英国研制的“猎鹰Ⅱ”战斗机，美国麦道公司从英国获得授权生产，编号为AV-8A，后改进为AV-8B。该型机于1981年11月首飞，1989年开始装备部队，是美国海军陆战队的主要空中打击力量。

AV-8B“鹞”式战斗机有9个外挂点，其中机身下有3个：中央挂架是通用挂架，最大挂载能力454千克；机身下每侧各有1个只能挂载航炮吊舱的专用挂架。每个机翼有3个挂架，内侧挂架的最大挂载能力是907千克，中间挂架的最大挂载能力是454千克，外侧挂架的最大挂载能力是286千克。可挂载的武器包括：AIM-9H/9L/9M“响尾蛇”空空导弹，AGM-65“幼畜”空地导弹，GBU-12激光制导炸弹，MK82、MK83、MK84通用炸弹，MK20“石眼”子母弹，MK77凝固汽油弹，CBU-72燃料空气集束炸弹和70毫米火箭弹发射器等。

美国两栖运输舰的发展历程

两栖船坞运输舰是美国海军于20世纪60年代末研制的一个舰种，体现了“垂直登陆、均衡装载”的两栖作战新思想。美国先后发展了“罗利”级、“奥斯汀”级和“圣安东尼奥”级船坞运输舰，目前主力舰型为“圣安东尼奥”级。舰上有较大的装载空间，承担陆战部队及其弹药、油料等后勤物资运输任务，并配有直升机起降平台，提高了突击威力。舰内设有巨大的坞舱，舰尾或首部有一活动水闸，水闸打开，舰尾或舰首部分沉入海水中，装载的登陆艇或两栖车辆可从坞舱驶出。冷战结束后，随着美军的全面转型，美国海军战略逐渐转向“由海向陆”，作战重点由大洋深处转向沿岸地区，两栖运输舰以其适应沿岸复杂环境的作战特点而开始备受青睐。在2003年的伊拉克战争中，美国海军出动了19艘两栖运输舰，占其两栖舰队总兵力的二分之一。这场战争使美国海军越发感受到两栖运输舰在21世纪近海战场上的重要作用。

“圣安东尼奥”级两栖船坞运输舰十分注重隐身设计，尤其是一体化桅杆的使用，使该级舰的隐身能力非常出色

美国“罗利”级和“奥斯汀”级两栖船坞运输舰

美国的第一艘两栖船坞运输舰“罗利”号（LPD-1）于1960年始建，加上姊妹舰共有3艘，其3号舰后被改为多用途指挥舰。“罗利”级的加大改良型是“奥斯汀”级（1965年建造），舰舱尺寸不变，但加长了舰体，增加了车辆和货物运载能力。“奥斯汀”级能搭载930名陆战队士兵，这个数字在其后续舰上降低到840名，但是后续舰增加了一层舰桥用于旗舰指挥、通信，并为90名旗舰人员开辟住宿区。“罗利”级和“奥斯汀”级的坞舱长51米，宽15米，可容纳1艘LCU通用登陆艇和3艘LCM机械化登陆艇，或者4艘LCVP车辆人员登陆艇和20艘LVTP-7两栖装甲车（AAV7）。此外，2艘LCM-6登陆艇或4艘LCVP

“奥斯汀”级两栖船坞运输舰

“罗利”级两栖船坞运输舰

登陆艇可以通过舰桥后部的起重机吊到水面。“奥斯汀”级拥有长24米的小型机库，能容纳一架通用直升机，执行任务时6架CH-46直升机停放在飞行甲板上。坞舱前面是车库，由于船坞运输舰的坞舱是密封的，因此不用担心在恶劣海况下调运货物时遭受海水侵蚀。

美国“圣安东尼奥”级两栖船坞运输舰

“圣安东尼奥”级是美国海军为实施“由海向陆”战略而建造的新一代多用途两栖战舰，集船坞运输舰、船坞登陆舰、坦克登陆舰、两栖货船和医院船等功能于一身，用于替代“奥斯汀”级两栖船坞运输舰、“安克雷奇”级两栖船坞登陆舰、“查尔斯顿”级两栖货船以及“新港”级坦克登陆舰等多型两栖舰船，是现役美国海军力量投送的核心组成部分。主要任务是部署作战并为海军和海军陆战队远征部队提供兵力投送保障，在执行各种远征作战和特种作战任务中负责登陆部队的上舰、运输和登陆，为美国海军及海军陆战队提供一种现代化的海基力量投送平台，支持海军及海军陆战队“三位一体”（气垫登陆艇、两栖突击车以及“鱼鹰”倾转旋翼机）兵力投送任务，满足美国海军远征打击群的作战需求。

“圣安东尼奥”级两栖船坞运输舰由埃文代尔造船厂建造（2014年关闭后改由英戈尔斯造船厂建造），长208.5米，宽31.9米，吃水7米，满载排水量25885吨，动力系统选用4台柴油机，最大航速22节，编制人员360人，包括28名军官。该级舰舰体丰满，干舷较高，平行中体较长，吃水很浅，舰尾呈方形；上层建筑布置在舰体前部，与首部甲板相加约占整个舰长的2/3；舰尾为飞行甲板，约占舰长的1/3，飞行甲板下是船坞。由于该级舰注重车辆运输，因此车辆甲板占据了中部甲板下的3层，面积为2360平方米，在一定程度上影响了气垫登陆艇的运送能力。坞舱设计与“黄蜂”级两栖攻击舰相似，但车辆甲板扩大、坞舱面积相对缩小。“圣安东尼奥”级拥有完善的压载系统和货物搬运系统，能够装载720名登陆人员、2艘气垫登陆艇、14辆两栖装甲车辆，可搭载1架MV-22B“鱼鹰”倾转旋翼机或1架CH-53E型直升机或2架CH-46E型直升机。

“圣安东尼奥”级两栖船坞运输舰结构图

美国“圣安东尼奥”级两栖船坞运输舰的特点

● 用途多样，一舰多用

“圣安东尼奥”级在设计时除强调运输部队和装备外，还注重其作为临时医疗救助和维修平台的作用，必要时甚至还可承担指挥舰的任务。平时可以承担非战争军事行动的任务，用于抢险救灾、医疗救护和人道主义援助。

● 均衡装载，建制投送

“圣安东尼奥”级装载有直升机、气垫登陆艇、两栖突击车等装备，以进一步加强突击威力，能成建制地搭载装备、人员、物资和登陆换乘工具，可独立执行两栖作战任务。为适应快速超地平线登陆需要，还曾计划装备新型EFV远征战车（后下马）。

● 隐蔽性好，生存能力提高

“圣安东尼奥”级与以往船坞运输舰不同的另一显著特征是其优异的隐身性能，整艘舰外观光洁平滑，上层建筑低矮，上层建筑总长度也有所增加，上层建筑的侧壁都倾斜一定的角度，使来自对方的雷达波形成散射，并且其上层建筑四周相邻连接处采用圆弧过渡防止产生回波的尖角绕射；外露的尾门、机库门、起重机、海上补给柱、天线基座等都采用了减小雷达截面积的形状。据美国军方报道，该级舰的雷达反射截面积只有“惠德贝岛”级船坞登陆舰的1%，约为3000平方米，只相当于1000吨以下的小型舰艇。该级舰采用专门为“阿利·伯克”级驱逐舰开发的新型低噪声螺旋桨，提高了声隐身性。采用隔热绝缘材料，安装新型消磁装置，提高了声、磁和红外隐身性能。“圣安东尼

“圣安东尼奥”级两栖船坞运输舰宽敞的坞舱

奥”级提高了舰船的抗冲击性和防弹能力，将全船按四个区域分区段设置集体防护系统，加强了水密舱结构，在容易被击中的部位预留了抗破坏余量，提高了舰艇的整体生存能力。

● 采用先进的集成桅杆技术，现批次又改回三角桅杆了

该级舰采用先进的封闭式桅杆/传感器系统，外观呈八角形，高28.34米，最大直径10.67米，舰上的大多数雷达天线等探测装置处于桅杆内部，桅杆/传感器系统具有支撑和保护舰艇传感器的作用，能够使各种装置和雷达免受干扰，该桅杆可通过复合频率选择层来实现阻塞敌方雷达信号的作用，并可使非敌方雷达信号和通信信号顺利地通过，有效提高系统的性能和减少维护成本。桅杆和舰载雷达等突出部分还涂有电磁波吸收材料。

- **自身防御能力和协同作战能力大大提高**

“圣安东尼奥”级的舰载武器主要包括2座21联装“拉姆”近程舰空导弹系统，2座30毫米MK-46型舰炮以及4挺机枪，构成了本舰防空自卫系统，同时大量采用了成熟的军、商用计算机、信息技术，配备的海上全球指挥控制系统、海军战术指挥支援系统、联合战术信息系统，可保证与岸上的指挥机构、编队内的舰艇、作战飞机以及登陆部队间及时共享信息。

美国“圣安东尼奥”级两栖船坞运输舰的主要作战任务

- **可灵活运用，执行多种任务**

既可作为远征打击群的组成部分参与两栖作战，也可与其他类型的舰艇灵活编组执行多种作战任务，还可执行非战争类的行动任务。

- **搭载作战部队、装备和物资**

按照美军21世纪“海上力量”的设想，两栖舰队必须具备强大的远程投送能力，由于近年来地区冲突日益频繁，美两栖舰队充当“救火队”的任务也更加繁重。要实现这些目的，必须以较少的船只完成更多的作战任务，这在很大程度上依赖于多用途的通用型两栖运输舰。搭载作战部队、装备和物资是两栖运输舰最主要的战术应用方式，由于可同时用于搭载海军陆战队员、各种车辆、气垫登陆艇及多种型号的直升机，因此这种强大的两栖运输能力必然为实施登陆作战提供有力的人员、装备和技术保障。“圣安东尼奥”级具有均衡的载运能力，在搭载作战人员的同时，还可以搭载相应级别的装备和物资，可以保证该作战单位全员全装遂行作战任务，充分发挥其作战能力。

● 遂行突击登陆作战任务

当前，美国海军采取的两栖作战模式是“超地平线突击登陆”模式，两栖运输舰不仅可以搭载人员、装备和物资，还是突击登陆作战必不可少的重要力量。两栖运输舰的突击威力主要体现在所搭载的直升机和高性能气垫登陆艇上。在突击作战中，可以充分利用直升机、气垫登陆艇等新型登陆装备快速、灵活、能轻易逾越障碍的优势，在视距外发起两栖攻击，变以往的“平面登陆”为“立体登陆”。“圣安东尼奥”级更加注重直升机和气垫登陆艇的搭载，最大限度地发挥整体力量优势，确保突击登陆作战行动的成功。

英国“海神之子”级两栖船坞运输舰

英国1991年决定设计建造新型两栖船坞运输舰，以替换逐渐老化的“无恐”级船坞运输舰，配合“海洋”号两栖攻击舰实施登陆作战，为登陆部队提供车辆和登陆艇支援。1996年7月18日，英国国防部与英国宇航系统公司签订建造合同，1998年5月开始建造，首舰“海神之子”号和2号舰“堡垒”号分别于2003年和2005年服役。

“海神之子”级两栖船坞运输舰强调“均衡装载”和“一舰多用”的指导思想。“海神之子”级船坞运输舰的主要使命是运载英国海军突击队进行两栖作战，通过运输、部署两栖部队及装备，实施平面和垂直登陆，为英国海军两栖作战提供规划指挥控制和通信平台，并作为两栖特混部队司令部的海上机动指挥所。在登陆作战行动中，该级舰主要是从海上进行平面登陆，与“海洋”号两栖攻击舰一起，构成英国海军完整的立体登陆作战能力。

“海神之子”号两栖船坞运输舰满载排水量19560吨，舰长176米，舰宽28.9米，吃水7.1米；动力系统采用综合电力推进系统，最高航速18节，续航力8000海里/15节，舰员编制325人，比“无恐”级减少约40%。该级舰的上层建筑集中布置在中前部，主要设置指挥控制舱和医疗救护舱。上层建筑之后是飞行甲板，飞行甲板之下是陆战队员住舱，再向下是坞舱，坞舱之前设有车辆甲板。由于飞行甲板宽敞，舱容较大，能够装载4艘通用登陆艇（或2艘气垫登陆艇）和4艘车辆人员登陆艇、67辆支援车、3架直升机和305～710名陆战队员。

该级舰的飞行甲板上有2个直升机起降点，可搭载3架中型直升机，如“海王”MK42、AW-101/EH-101“灰背隼”等，也可搭载1架CH-47“支努干”重型运输直升机或V-22“鱼鹰”倾转旋翼机。在紧急情况下，该级舰还可搭载“鹞”式垂直/短距起降飞机，舰上没有机库，配备有直升机保障设备，如飞行保障系统、地面支援设备和飞行维修控制设备等，支持直升机进行作战行动。

英国“海神之子”级两栖船坞运输舰的特点

● 采用数字化舰载指挥控制系统，具备两栖特遣部队和登陆部队指挥能力

该级舰采用了英国海军的数字化指控系统，是“无敌”级航母上所用系统的改进型，采用ADAWS2000作战数据系统、CSS指挥支援系统集成了72个工作站，大量使用商业现成硬件设备，软件基于微软公司的视窗操作系统。舰载综合通信系统包括加密语音及数据通信系统、卫星通信系统、高频无线电通信系统，可完成本舰、特混舰队其他舰船、岸上部队和其他部队之间的大范围通信。该级舰配备完备的指挥设备和系统，可作为海军特遣部队两栖登陆部队的司令部和前沿指挥所。

● 各类物资合理配载，装卸速度大幅提高

舰尾设有压载浸水进坞区，进坞区通过舰尾压载进水，以便登陆艇能够迅速和安全地上下舰直接驶进驶出。通过足够宽的突击与登载平台登陆部队居住舱是相通的。舰上设有专门的装载区，并通过突击通道与登陆艇地点、飞行甲

“海神之子”级船坞运输舰甲板上停放的装甲车辆与物资

板相连，卸载部队的速度加快了2倍。弹药和货物可使用专门的轨道和起重机从弹药库和货舱运到登陆艇上，极大地加快了弹药及货物的卸载速度，车辆可通过右舷侧门直接登陆上岸，车辆甲板与飞行甲板之间设有坡道。

● 采用软硬结合的防御武器系统

舰上的传感器系统包括两部凯尔文–休斯1007/8型I波段雷达，用于导航和飞行控制，配有BAE系统公司的997型E/F波段监视雷达，用于对海对空搜索。硬杀伤武器包括上层建筑前部安装的2座“守门员”近防武器系统，2座20毫米“密集阵”近防武器系统，以及4挺机枪。软杀伤系统包括8座“海蚊”箔条诱饵发射装置以及UAT电子战系统。

日本“大隅”级两栖运输舰

进入20世纪90年代后，世界形势发生了巨大变化，日本海上自卫队在原来所谓“保卫1000海里交通线”的防卫方针的基础上新增了“在力所能及的范围内，对敌方地域实施抵近攻击作战”的作战思想。在这一作战思想指导下，日本于20世纪90年代开始发展“大隅”级两栖运输舰，主要用于实施远洋兵力投送和两栖登陆作战以及执行抢险救灾等非军事任务。

日本海上自卫队最初计划建造6艘“大隅”级两栖运输舰，分成两批各3艘，不过只建造了第一批3艘。第一艘“大隅”号1998年3月服役，第二艘“下北”号2002年3月服役，第三艘“国东”号2003年2月服役。

“大隅”级两栖运输舰舰长178.0米，宽25.8米，吃水6.0米，满载排水量为13000吨，主机为2台三菱16V42MA型柴油机，功率20290千瓦，最大航速22节。采用全通式甲板，飞行甲板作为主甲板，其岛式上层建筑呈长方形，布置在舰右舷中部位置，上层建筑顶层前端设有舰桥驾驶室和应急指挥室。

“大隅”号船坞运输舰

飞行甲板宽阔平坦，主要分为两个区域：甲板后部为直升机区，长约80米，设有2个直升机起降点，能同时起降2架CH-47J、CH-53J直升机或者1架“鱼鹰”倾转旋翼机；甲板前部及岛式上层建筑左侧为车辆装载区，可用于装载40辆大型车辆，飞行甲板上还设有一大一小2部升降机，其中一部为提升力20吨的大型升降机，布置在前部飞行甲板，与尾部飞行甲板距离较远；另一部为直通下部货舱甲板、用来运输车辆和货物的小型升降机，布置在舰岛后部甲板。

上甲板以下的主船体从上到下主要分为3层。第1层布置有舰员生活舱室，包括士兵和军官住舱、餐厅及仓库等。第2层是坦克舱和坞舱，坦克舱可装载10余辆50吨重的90式坦克或其他重型车辆；坞舱长约50米、宽15米，可存放2艘LCAC气垫登陆艇。在坦克舱的两舷侧还设有大量人员居住舱室，最多可容纳1000人。第3层也就是最下面一层为主机舱、辅机舱、燃油舱、泵舱和压载水舱等。该级舰两舷均开有舷门，并配有跳板装置，当停靠码头时，坦克、车辆、物资和人员都可从舷门出入。

由于在实施两栖作战时，该级舰不担负火力支援登陆作战的任务，因此舰上配备的武器较简单，只在上层建筑前、后平台上各装有一座“密集阵”近防武器系统用于防空，系统作战反应时间小于4秒，一次拦截耗弹量约200发，拦截范围为460～1850米。

印度尼西亚两栖舰发展历程

印度尼西亚是世界上最大的群岛国家，素有“千岛之国”的美誉，岛屿众多且位置分散，国土东西跨度较大，为对所属岛屿实施有效控制，印度尼西亚海军长期以来奉行“逐岛防御”战略，不仅通过在许多较大的岛屿上设立大量前进基地的方式建立起较为牢固的固态式防御体系，而且十分重视两栖运输力量的建设，尤其是把两栖战舰作为岛屿之间的联系纽带和桥梁，建立起与上述固态防御体系相互支援的机动式防御体系。如果缺少了这些纽带和桥梁，那么印尼的各个岛屿就成了“孤岛”，战时将孤立无援，可见两栖运输舰对于印度尼西亚海军来说具有非常重要的意义。

印度尼西亚海军早在20世纪60—70年代开始引进美国第二次世界大战时设计的坦克登陆舰（含LST-1级和LST-542级两型），共11艘。其中10艘为美国第二次世界大战时的旧舰，1艘由日本佐世保重工于1961年仿制并出售给印度尼西亚（“安汶湾”号）。印度尼西亚海军购入后均以本地海湾、海角命名。20世纪70年代，印度尼西亚海军重新排列舰艇舷号，登陆舰舷号从501开始，这11艘舰即501～511号舰，通常以首舰501号“兰沙湾”号之名，称呼为“兰沙湾”级。1978年，印度尼西亚海军设立了与舰队司令部平行的军事海运司令部，除装备少量运输船、运兵船及油船外，印度尼西亚海军把大量登陆舰、登陆艇都划归该司令部管辖。

之后，印度尼西亚海军开始在全球范围内采购新一代两栖战舰，韩国塔科玛公司（原为美国塔科玛造船公司的韩国子公司，现已重组为韩进重工集团）提出的可搭载直升机的SY-100型坦克登陆舰的设计方案中标，印度尼西亚海军采购6艘（舷号512～517），于1981年1月到1982年9月间全部服役，命名为“塞芒卡湾”级。该级舰长100米，满载排水量3750吨，可搭载3架直升机。20世纪90年代，购入原东德海军的108型、109型坦克登陆舰14艘（北约代号“青蛙Ⅰ”级和“青蛙Ⅱ”级）；2012年起，开始自主建造新一代坦克登陆舰“宾图尼湾”级，规划建造12艘，已服役9艘。

印度尼西亚“望加锡”级两栖船坞运输舰

2000年，印度尼西亚向韩国釜山大鲜造船公司购买了1艘排水量1.13万吨的两栖船坞运输舰，命名为“丹戎达尔佩莱”号，该舰于2002年开工建造，2003年5月17日下水，2003年9月加入印度尼西亚海军服役。2005年，印度尼西亚海军向韩国增购4艘同级两栖船坞运输舰。这4艘舰中有3艘的设计及功能与“丹戎达尔佩莱”号完全相同，另1艘加装旗舰设备以用作指挥舰。2007年4月，首舰“望加锡”号服役，最后1艘“班达亚齐”号于2011年3月服役，该级舰共建造了4艘。原有的“丹戎达尔佩莱”号于2007年被改建为医院船，命名为“苏哈托博士”号。

“望加锡”级两栖船坞运输舰全长122米，宽22米，吃水4.5米，标准排水量7300吨，满载排水量1.2万吨，巡航航速14节，最大航速16节，以12节航速续航力可达8600海里。舰体外露的武器和电子装备不多，舰体后部有大型直升机甲板，舰上的医疗救护舱设有战场救护设施，可实施紧急手术和野战救护。在运载能力方面，“望加锡”级舰的内部舱室可供一支518人的海军陆战营住宿，并同时运输2480吨货物，船身中段车库可停放13辆主战坦克或40辆履带式步兵战车，船尾的船坞可容纳2艘登陆艇。此外，该级舰还能按需搭载2～4架运输直升机，用于人员和物资“由舰到舰”或“由舰到岸”的快速投送。该级舰在设计上体现“均衡装载”的战术原则，即在一次投送过程中，输送的人员、物资和技术装备可以按部队编制编成，以便作战人员有效利用这些装备执行任务。除战略投送外，“望加锡”级还能承担国际救援等任务。“望加锡”级舰的武备较弱，仅有2门瑞典“博福斯”ASK40/L70式40毫米舰炮、2座20毫米机关炮、2座“辛巴达”双联导弹发射装置（发射法国“西北风”近程防空导弹）。

“望加锡”级前2艘由韩国生产，后2艘由印度尼西亚船厂自行建造。2017年，印度尼西亚在吸取“望加锡”级改造经验的基础上，自行建造了该级舰的第5艘“三宝垄”号，并于2019年1月交付印度尼西亚海军服役。2019年，印度尼西亚又在该级舰建造经验基础上开始自行建造两艘医院船，分别命名为“瓦希丁·苏迪罗霍索多博士”号和“拉吉曼·韦迪奥迪宁拉特博士”号，并分别于2022年和2023年入列。

国外两栖船坞登陆舰发展概述

两栖船坞登陆舰是指设有船坞，运载登陆部队、登陆工具和物资的大型登陆作战舰艇，集坦克登陆舰、船坞登陆舰、武装运输舰和两栖货船的综合功能于一身，以坞舱为主，也有直升机起降平台，但一般没有机库，通过其携载的高速登陆艇、气垫登陆艇、两栖输送车辆和直升机，将登陆兵力及登陆装备输送上岸，偏重于两栖登陆作战，也有一定的攻击能力，是世界上数量最多的一类两栖战舰，也是海军两栖作战力量的重要标志。

两栖船坞登陆舰的作战使用特点

两栖船坞登陆舰是现代两栖作战力量的重要组成部分，其作战使用特点主要为：一是区别于传统登陆舰，主要用于远洋作战，排水量大，装载量大，作战持续能力强；二是兵力投送以平面输送为主，垂直输送为辅，与两栖攻击舰有明确的任务分工；三是在平面输送上以气垫登陆艇输送为主，以排水型小型登陆艇输送为辅，大部分两栖船坞登陆舰不能直接抵滩。

两栖船坞登陆舰的主要搭载装备

两栖船坞登陆舰的主要搭载装备有两类：一类是投送装备，另一类是火力支援装备。以美军为例，两栖船坞登陆舰的投送装备主要有气垫登陆艇、通用登陆艇、两栖装甲车、MV-22“鱼鹰”倾转旋翼机以及CH-53系列重型运输直升机等。

● 气垫登陆艇

气垫登陆艇是美国海军两栖作战装备的重要组成部分，主要配备在两栖攻击舰、船坞登陆舰上。在登陆作战时，两栖战舰首先将舰上所载的装备和士兵换乘到气垫登陆艇上，在预定海域放出，然后气垫登陆艇以高速冲向海岸，将装备和士兵直接送达敌方滩头，迅速占领滩头阵地。在执行两栖登陆作战任务时，气垫登陆艇的运送能力比通用登陆艇高50%，比LCM-6和LCM-8中型登陆艇高4~7倍。

船坞登陆舰主要依靠LCAC气垫登陆艇进行战力投送

与LCAC相比，LCU的航速和运载量都逊色不少

● 通用登陆艇

通用登陆艇（LCU）的航速较低，但装载能力强于气垫登陆艇，所以在两栖战舰上与气垫登陆艇搭配使用，气垫登陆艇用于快速突击，通用登陆艇用于运送重型装备。美军的通用登陆艇航速不低于25节，具备独立部署能力（能够进行为期10天的独立部署），续航力达1000海里，可装载3辆M1A1坦克。必要时，还承担美国海军陆战队两栖装甲车辆的回收和营救等任务。

● 两栖装甲车

ACV两栖轮式装甲车是由英国BAE系统公司和意大利依维柯公司研制的新型轮式装甲车，车体长8.9米、宽3.1米、高2.8米，战斗全重30.6吨，乘员3人，载员舱可装载13名全副武装的士兵，可执行火力支援、战术运输、海上侦察、救援行动等多种任务。

ACV两栖轮式装甲车采用了8×8驱动方式，配备一台700马力的柴油发动机，在车体后部左右两侧各安装一套涵道螺旋桨水上推进装置，公路最高行驶速度105千米/时，水面最高航速11千米/时，便于快速机动，灵活部署。ACV两栖轮式装甲车车体安装有陶瓷复合装甲，可在200米的距离抵御14.5毫米钢芯穿甲弹的攻击；采用V型底盘、乘员防雷座椅等设计；配备先进的通信与信息系统，能够与舰船、飞机和其他地面部队实现即时数据交换和共享；可安装多种武器系统，通常配备12.7毫米遥控机枪，也可换装40毫米榴弹发射器，为士兵提供火力支援。美国海军陆战队从2020年开始批量装备ACV两栖轮式装甲车，在后续版本的车上计划配备由挪威康斯伯格公司生产的“保护者”MCT-30顶置遥控无人炮塔，包括一门30毫米火炮、一挺7.62毫米并列机枪、一具“标枪”多用途反坦克导弹发射筒和一个四联装制导火箭弹发射箱，进一步提高火力打击能力。

英国BAE系统公司计划在基本型的基础上采用不同配置，形成拥有多个不同车型的系列化车族产品，已推出“非视距”反坦克战车，除配备“标枪”多用途反坦克导弹外，还配备了巡飞弹、可伸缩光电侦察桅杆、无人侦察机、小型四足地面侦察机器人等在内的武器和侦察装备，不仅可以用来打击敌方坦克装甲车辆等目标，而且能用于战场侦察。

美国两栖船坞登陆舰的发展历程

美国在第二次世界大战期间开始建造船坞登陆舰，从20世纪40年代到90年代发展了“卡萨格兰德”级、“托马斯顿”级、“安克雷奇”级和“惠德贝岛”级（含进攻型“哈珀斯·费里”级）船坞登陆舰，目前“惠德贝岛”级有11艘在役（截至2023年10月）。

“惠德贝岛”级登陆舰

“惠德贝岛”级船坞登陆舰的主要使命是配合两栖攻击舰实施大规模快速登陆，首舰于1981年建造，目前已退役，最后1艘于1992年服役。该级舰满载排水量15726吨，舰长185.8米，最大航速22节，船坞面积为113米×15米，可载4艘LCAC气垫登陆艇、500名陆战队员和20辆坦克。

20世纪80年代后期，美国计划设计新的船坞登陆舰，但由于财政原因作罢，最后采用改进“惠德贝岛”级的方案，改进型称“哈珀斯·费里”级，坞舱装载量减少一半，只能装载2艘LCAC气垫登陆艇，货舱从原来的141.5平方米扩大到1132平方米，车辆甲板面积也有所增加。

“哈珀斯·费里”级登陆舰

英国两栖船坞登陆舰的发展历程

第二次世界大战后，英国海军舰艇规模不断缩减，到20世纪80年代，仅保留小规模的两栖战舰。英国于1991年决定设计建造新型两栖船坞登陆舰，以替换逐渐老化的“无恐”级船坞运输舰。2000年12月18日，英国国防部与斯旺-亨特船舶有限公司签订了建造合同。2001年10月1日，开始建造首舰“拉格斯湾”号，2005年下水，2006年11月28日服役。该级舰均以海湾命名，故称“海湾”级。

英国“海湾”级两栖船坞登陆舰

“海湾”级船坞登陆舰以荷兰海军的“鹿特丹”级两栖船坞登陆舰为设计基础，满载排水量为16190吨，舰长为176米，宽26.4米，吃水5.8米，装备“密集阵”近程防御武器系统，舰员158人，可运载356名士兵，32辆“艾布拉

“海湾”级船坞登陆舰采用“鹿特丹”级的总体布置

“海湾”级船坞登陆舰回收特战快艇

姆斯”坦克或150辆轻型车辆或2艘MK5型车辆人员登陆艇或1艘MK10型通用登陆艇，搭载2架中型直升机。“海湾”级最大限度地采用民船标准建造，大量使用民用船舶设备，并且严格遵守英国劳氏船级社的造船规范、环境规范以及一级客船认证。

在舰体结构方面，“海湾”级的上层建筑位于舰艇的前半部，使得位于上层建筑顶部的驾驶室视野更为宽阔，也使得位于舰艇后部的飞行甲板可用面积更大。飞行甲板占据了上层甲板的绝大部分，有2个直升机起降点，允许2架中型直升机同时起降。上层甲板有1套货物处理系统，包括2台起吊重量为30吨的起重机，用于向登陆艇吊运设备。车辆甲板的车道长度达到了1200米，直接与舰尾和舷侧的坡道相通，能够容纳24辆主战坦克或150辆轻型车辆。坞舱甲板位于舰尾，可供1艘MK10型通用登陆艇作业，可运载2艘MK5车辆人员登陆艇。一般情况下，“海湾”级可运载350名全副武装的士兵，最多可运载700名全副武装的士兵。舰上设有快速通道，能够使士兵从聚集点迅速抵达坞舱和飞行甲板，便于全副武装的部队快速和有效抵达登陆点。

动力装置方面，“海湾”级采用柴电动力装置，共有4台瓦特西拉公司的柴油机和1台备用柴油发动机，驱动两台推进器，速度可达18节左右，在航速为15节的情况下，续航力达8000海里。“海湾”级取消了传统的烟囱，柴油机的废气经冷却后，通过位于舰尾的通风口排出，既能减少红外信号特征，降低被敌舰发现的概率，又免除了排烟对上层建筑通信设备造成的干扰与影响。“海湾”级采用吊舱推进器和首侧推进器，具备更佳的机动性，能够做定点回转，不依靠抛锚在海中保持固定，在恶劣的天气条件或强水流的情况下，在港口也不需要借助拖船的帮助就可自行移动，也免除了冗长的舵轴机械，为存储物资和装备留出了更多的空间。“海湾”级安装有定位推进器和动力定位系统，可在装载和卸载登陆艇的过程中迅速找准位置和稳定前进方向。

“海湾”级安装了自动综合舰船管理系统，包括综合舰桥、自动平台控制系统和动力控制与管理系统，在不抛锚的条件下，通过使用舰尾的坞舱可在3级海情使用直升机或登陆艇来卸载货物。

武器配备方面，由于“海湾”级不直接参与两栖攻击，主要的任务是投送兵力、提供后勤补给等，所以舰上只装备了30毫米舰炮、“密集阵”近防武器系统和箔条与红外曳光弹的诱饵发射装置。

2010年，受国内经济形势下滑影响，英国海军预算不断遭到削减，将服役仅仅4年的“拉格斯湾”号船坞登陆舰列入裁减之列。2011年1月，澳大利亚海军参与了拍卖竞标。2011年4月6日，澳大利亚以1.07亿美元购入“拉格斯湾”号后，将舷号改为L100，更名为“乔勒斯”号，以纪念2011年5月5日逝世的世界上最后一位“一战”老兵。“乔勒斯”号在服役前进行了部分改装，主要是加装直升机库和进行适应热带海区作战的改装等。“乔勒斯”号船坞登陆舰的服役，填补了澳大利亚海军退役的2艘坦克登陆舰和1艘重型登陆舰留下的两栖作战能力缺口。

荷兰“鹿特丹”级两栖船坞登陆舰

“鹿特丹”级船坞登陆舰是荷兰和西班牙共同研制的一型两栖船坞登陆舰，主要使命任务是为荷兰海军提供现代化的两栖运送和物资补给服务，强化海外投送能力。该级舰共建造2艘，首舰“鹿特丹”号于1998年服役，第2艘舰“约翰·德·维特”号在对运载和指挥能力进行强化后，于2007年入役。

该级舰满载排水量12750吨，总长166米，宽27米，吃水5.9米，采用柴油-电力联合动力系统，最大航速21节，续航力为6000海里/12节，可运载611名登陆兵、170辆装甲车辆或33辆主战坦克、6艘车辆人员登陆艇或4艘通用登陆艇，人员编制为113名，其中13名为军官。

“鹿特丹”级除了遂行两栖作战任务外，还兼作反潜直升机母舰，弹药库里可装30枚MK46鱼雷和300个声呐浮标。此外，设计时还考虑了人道主义的援助任务，舰上配备了2间手术室，10间集中治疗室，病房中设有100个床位。

荷兰“鹿特丹”级船坞登陆舰

“鹿特丹”级打开坞舱开放参观

“鹿特丹”级的飞行甲板长58米，宽25米，总面积1310平方米，共设有2个起降点，可供2架重型直升机同时进行飞行作业。该级舰的机库面积为510平方米，可容纳4架EH-101（或“海王”）直升机或6架NH-90（或“超级美洲豹”）直升机；机库内有直升机维修设施，允许直升机在6级海情下进行维修作业。“约翰·德·维特”号的主车辆甲板面积为830平方米，主甲板下车辆甲板面积为960平方米，可装载33辆主战坦克或90辆步兵战车或170辆卡车。除此之外，还有1个可载1030吨燃油的液舱、1个300平方米的弹药库（可装36枚鱼雷）和1个400平方米的干货舱。舰尾坞舱面积为450平方米，可容纳6艘MK3型车辆人员登陆艇或4艘通用登陆艇或4艘机械化登陆艇。浸水时，坞内水深达2.2米，便于登陆艇自由出入。

国外两栖指挥舰发展现状

两栖指挥舰的由来

两栖指挥舰又称登陆指挥舰、两栖旗舰，专用于登陆作战中对整个登陆编队实施统一指挥的大型军舰。第二次世界大战的经验表明，在两栖作战中使用巡洋舰和战列舰作为指挥舰的传统做法是不合适的。因为这些舰艇在战斗中需要执行火力支援任务，并且从舰上有限的空间中为旗舰指挥及其人员辟出独立的舱室很困难。当时的做法是将商船改装为指挥舰，以满足两栖作战的要求。

两栖指挥舰的发展历程是怎样的?

随着登陆作战规模的扩大，对指挥能力的要求不断提高，通信设备日趋复杂，美国于20世纪60年代在“硫磺岛”级两栖攻击舰基础上设计建造了2艘两栖指挥舰——“蓝岭”号和“惠特尼山”号。首舰“蓝岭”号于1967年2月在费城海军船厂开工建造，1969年1月4日下水，1970年11月14日服役。“惠特尼山”号于1968年1月8日在纽波特纽斯造船厂开工建造，1970年1月8日下水，1971年1月16日服役。“蓝岭”号是美国海军第7舰队的旗舰，母港设在日本横须贺；“惠特尼山”号是美国海军第2舰队的旗舰，母港在美国弗吉尼亚州的诺福克。

除此之外，美国还通过改装两栖船坞登陆舰来满足海军对指挥舰的要求，1972年曾将“拉萨尔”号改装成以巴林为基地的中东部队的指挥舰，1980年将“科罗纳多”号改装成中东部队的旗舰。两栖指挥舰一般用于大规模两栖作战，所以在航母打击群和远征打击群联合作战时，一般以两栖攻击舰为旗舰。

“蓝岭”号两栖指挥舰

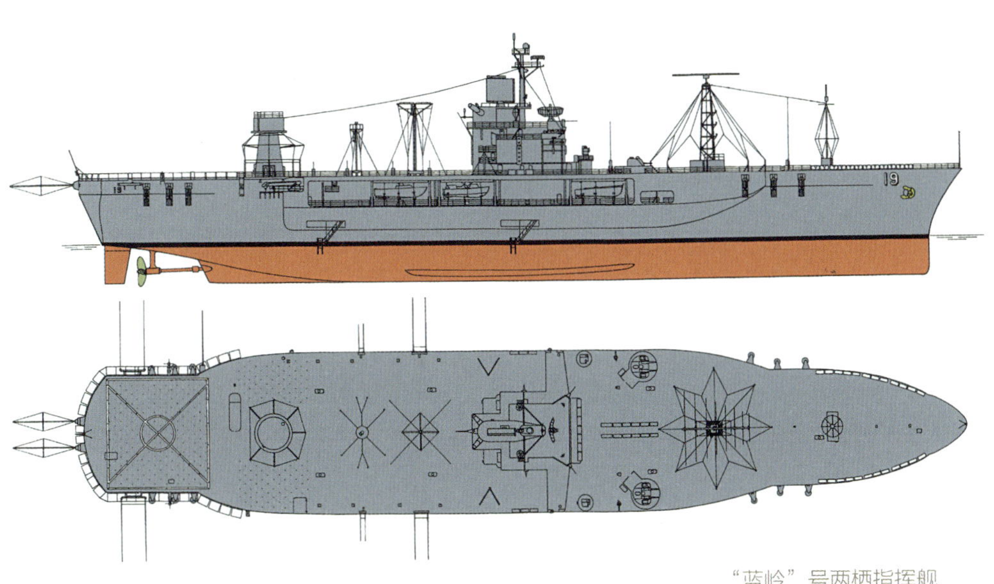

“蓝岭”号两栖指挥舰

● 现役唯一的两栖指挥舰——“蓝岭”级是什么样的?

目前，世界现役唯一一级两栖指挥舰是美国海军“蓝岭”级。“蓝岭”级采用平甲板船型，干舷很高，舰体丰满，上层建筑较简单，岛式舰桥位于舰体中部，面积不大，只设三层，舰上的烟囱、桅杆与舰桥合为一体。舰桥前后上甲板上设有大量的大型天线及天线基座，舰内空间较大，可布置各种舱室和容纳大量人员。除本舰所需要的工作、生活舱室外，舰上布置的作战指挥舱室主要有：旗舰指挥中心、登陆部队指挥中心、两栖作战火力支援协调中心、战术空军指挥中心、战斗情报中心、水面水下协调中心、登陆机动中心、通信中心。舰尾上甲板布置有宽大的直升机飞行甲板，两舷凸起的平台上布置有登陆艇。

“蓝岭”级舰长194米，舰宽25米，甲板宽32.9米，吃水8.8米，标准排水量16790吨，满载排水量18372吨，采用蒸汽轮机动力装置，功率22000马力，单轴推进，航速23节，续航力13000海里/16节，舰员编制821人（包括43名军官），司令部人员170～190人，可运送700名陆战队员，可搭载3艘人员登陆艇、2艘车辆人员登陆艇。

“蓝岭”级的自卫武器为2座雷声公司的八联装MK25Mod1“海麻雀”导弹发射装置，备弹16枚；2座双联装76毫米舰炮；2座“密集阵”近防武器系统；搭载1架多用途直升机。被动防御系统为4座MK36型6管固定式SRBOC诱饵发射装置，可发射红外曳光弹和箔条弹，射程4千米。还有AN/SLQ-25型“水妖”鱼雷诱饵与AN/SLQ-32（V）3型综合电子战系统。

“蓝岭”级舰上配备的雷达主要有：ITT公司的AN/SPS-48C三坐标对空搜索雷达、洛克希德·马丁公司的AN/SPS-40C对空搜索雷达、雷声公司的AN/SPS-65（V）1对海搜索雷达、休斯公司的MK23 TAS对海搜索雷达、马可尼公司的LN66导航雷达、雷声公司的AN/SPS-64（V）9导航雷达、URN-20/25战术导航系统、2部MK51型火控雷达（用于指挥控制“海麻雀”导弹）、AIMS UPX-29型敌我识别器。作战数据系统有：海军战术数据系统，与4A、11、14和16号数据链相连；两栖指挥信息系统（ACIS）、海军情报处理系统（NIP）、卫星通信系统等。

“蓝岭”级两栖指挥舰的主要作用

“蓝岭”级作为一型专用的指挥舰，其优良性能突出表现在强大的指挥控制能力上。按照美国海军的指挥体制，“海军指挥控制系统”（NCCS）由“舰队指挥中心”（FCC）和“旗舰指挥中心”（TFCC）共同组成。“舰队指挥中心”是设在岸上的陆基指挥所，“旗舰指挥中心”是位于作战海域的海上移动指挥控制舰“蓝岭”级。在具体的作战指挥中，设在夏威夷的“舰队指挥中心”将各种作战指令、作战海域的海洋监视情报、敌情威胁及作战海域的环境数据发送到“旗舰指挥中心”，经过处理后分送各个指挥位置和作战部队。与此同时，“旗舰指挥中心”还会不断收到各个部队关于自身状况、作战行动海域的海洋监视情报及作战任务的进展情况报告，这些信息经过汇总处理后，将报告“舰队指挥中心”。

“蓝岭”号的登陆作战指挥中心

由此可见，在海上作战指挥中，“蓝岭”级处于中心环节，起着承上启下的重要作用。“蓝岭”级上的“旗舰指挥中心”是一个大型综合通用信息处理系统，它同70多台发信机和100多台收信机连接在一起，同3组卫星通信装置相通，可以每秒3000词的速度同外界进行信息交流。接收的全部密码可自动进行翻译，通过舰内自动装置将译出的电文送到指挥人员手中，同时将这些信息存储在综合情报中心的计算机内。

“旗舰指挥中心”是“蓝岭”级的指挥部门，是参谋人员日常工作的舱室，在实施两栖作战时又叫两栖登陆部队指挥舱，主要作用是对两栖作战中的空中、反潜、反舰兵力及航渡中的登陆编队实施指挥。舱内设有13部TA-980U卫星电话终端，2个1.1米x1.1米的战术显示屏，随时显示整个舰队的位置和活动情况。

“蓝岭”级的出现使得美国海军第一次拥有了功能齐全、性能先进的大型海上指控中心，从而在技术上彻底解决了大规模海上联合作战的指挥问题。在其服役期间，美国海军每一次重大部署中都能看到“蓝岭”级的身影。

大型两栖战舰的总体设计

总体设计是舰船的顶层设计，首先应从战略战术层面考虑舰船所承担的作战使命，从而以完成作战任务为牵引，全面考虑总体性能、作战系统、人员居住、工作舱室和系统设备的布置，而大型两栖战舰还需额外考虑均衡装载，从登陆部队到上陆装备（坦克、装甲车等）以及输送装备（包括直升机、气垫艇和通用登陆艇）的合理布置。目前大型两栖战舰还承担了除登陆作战外的多样化任务，包括撤侨、救灾、海上医疗等非军事化的任务。因此，其总体设计就是一个不断综合权衡优化、不断修改提高并使之更趋合理化的设计过程。最终总体设计就是要完成一个小到生活居住舒适、大到作战布局合理，能最优实现作战性能的设计。

大型两栖战舰总体设计的目标是如何把握好机库、车库、坞舱在总体设计中的布局，使舱室形成一个合理的作战整体，并在设计中合理配置人员居住、工作舱室、机械设备舱室与坞舱、车库的分层分区。甲板布置、大型装载舱的总体与结构设计、装备调运装置设计等方面是大型两栖战舰设计中关注的重点。在甲板布置方面，以大型两栖攻击舰为代表的两栖战舰基本上以直通甲板设计为主，甲板作业面积与舰载机起降点数量成为设计中的主要考虑因素。美国、英国等国的两栖攻击舰以垂直/短距起降飞机和直升机起降为主，采用普通直通甲板。随着新型两栖战舰甲板面积不断扩大，起飞距离也更长，舰载固定翼飞机和旋翼机起降点的数量多，意大利、西班牙等国两栖攻击舰采用滑跃起降的直通式甲板设计，能够保证飞行甲板面积不增加的情况下，便于飞机的起降作业。在大型两栖战舰的装载舱设计方面，由于装载舱大跨度、无支柱、长通舱等结构特点，其设计更加复杂。在装备调运装置方面，其布局和设施必须能保障各种兵力和装备有序调运、互不干涉。如升降机的设计与布置，包括舷侧升降机总体与结构设计、舷内升降机的布置技术，舱内自动化物资调运装置的研制、尾门与侧门高效率投放设计等技术都是国外目前在大型两栖战舰设计中普遍关注的重点方向。

大型两栖战舰主要动力要求

通常大型两栖战舰在实施登陆作战时，需与战斗舰艇编队航行，因此要求具有较高的航速；另外为减少海上航渡的危险性，也要求有一定的航速保证，以便尽快抵达预定登陆地域。在大型两栖战舰抵达登陆作战海区后，其搭载的登陆、上陆装备离舰，实施登陆输送，此时要求舰艇以低速航行，保障舰载气垫登陆艇或通用登陆艇安全出坞舱，直升机安全起飞。因此，要求大型两栖战舰的动力装置既要有较大功率，满足航渡时高速航行的要求，又要能满足作战时较低速航行的要求。由于大型两栖战舰总体布局不同于其他作战舰艇，其特殊的结构自然也会影响其动力装置的选择。

通常船坞登陆舰和船坞运输舰的总体布局为主甲板前部设上层建筑，后部设直升机起降平台，也有采用边岛式上层建筑、全通飞行甲板的形式；尾部主甲板下设坞舱，坞舱内装载气垫登陆艇或登陆艇，坞舱甲板为无开口的直通甲板，坞舱长度较长，机舱设在坞舱下面。动力装置的主机尺寸受到机舱空间的严格限制，在坞载登陆装备高度一定的情况下，需要增加机舱高度和长度，这样就会导致船体加大、加长，排水量增加，影响船的航速及有关性能；另外，两栖战舰结构使动力装置的进、排气管道的布置较为复杂，飞机起降平台设在尾部，进、排气管道只能设在飞机起降平台之前，由于坞舱甲板不能有开口，所有进、排气管道都要从边舱通过，油耗将有所增加，功率会有所下降，不易布置。进气口需设在主甲板上，这对需要有较大起降平台的坞式登陆舰而言，总体布局上较为困难。可以说动力系统的设计水平高低直接影响到船坞登陆舰的性能好坏。

船坞登陆舰主要用于实施远距离登陆作战，因此续航力要求尽可能的大，通常要求续航力为作战半径的3～4倍，而一艘舰续航力大，所需燃油装载量就大，这样就需要有大量空间用作燃油舱，为最大限度减少燃油使用量，船坞登陆舰还应尽量考虑选用耗油率较低的主机。根据目前世界各国已建造、正在建造和计划建造的船坞登陆舰和船坞运输舰情况，所选动力装置类型有蒸汽轮机、柴油机、燃气轮机、联合推进系统等。

大型两栖战舰的动力特点

● 蒸汽轮机技术的特点

蒸汽轮机优点是单机功率大、运转平稳、可靠性好、振动噪声小、寿命长，可达10000小时。主要缺点是装置尺寸大，尤其是高度较高，需占据较大机舱空间，另外较大的排气管也需要占据一定的空间；热效率低（仅18%～28%），燃油消耗率高，为柴油机的2～3倍，同样续航力燃油装载量增加，登陆装备装载量必然减少；必须带有锅炉，使装置复杂、维修管理麻烦；机动性差，从锅炉点火到蒸汽轮机启动，时间一般需0.5小时以上，多则需要1～2小时。

美国海军以往建造的“黄蜂”级、“塔拉瓦”级、“硫磺岛”级等两栖攻击舰都采用蒸汽轮机动力系统，但近年来世界各国海军新建造的船坞登陆舰和船坞运输舰已很少采用蒸汽轮机作为动力。

● 燃气轮机技术的特点

燃气轮机的优点是体积小、重量轻、功率大、启动加速时间短、振动噪声小，采用整机换装，舰上维修工作量也小，是战斗舰艇理想的动力装置。缺点是油耗比较高，比柴油机高30%左右。另外，燃气轮机使用寿命较柴油机短，且拥有庞大的进、排气道，占据了大量的有效空间和甲板面积，燃气轮机对进、排气道要求较高。

船坞登陆舰和船坞运输舰采用燃气轮机作为主动力装置的国家有美国、西班牙等。美国2014年服役的“美国”级两栖攻击舰采用了2台通用电力公司生产的LM2500+型燃气轮机，功率达到52199千瓦；另配有6台柴油机及2台电动机，电动机功率为3729千瓦，最大航速22节。

● 柴油机技术的特点

柴油机的优点是在整个工作范围内燃油消耗率较低，部分工况下比燃气轮机低得多；柴油机尺寸小，重量轻，工作可靠性好，寿命长，维修方便；操作简单，机动性好，启动快，能在短时间内（1～2分钟）达到最大功率。缺点是振动噪声大。随着柴油机制造业的发展，柴油机单机功率越来越大，而其振动大、噪声高的固有缺点，随着减振降噪技术的发展，对舰船的影响逐步改善，故在各类舰艇中得到广泛应用。船坞登陆舰和船坞运输舰动力采用最多的就是中速柴油机。根据柴油机尺寸较小的特点，它比较容易在坞舱甲板下的机舱内布置，且排气管尺寸也较小。

通常10000吨左右的大型两栖战舰采用2台柴油机。但随着舰船的吨位增加，为满足航速要求，所需功率也随之增大，2台柴油机的功率已不能满足要求，因此开始采用双机并车形式提高功率。最为典型的就是美国海军“圣安东尼奥”级船坞运输舰，主机为4台柯尔特-皮尔斯蒂克（Colt-Pielstick）2.5 STC中速涡轮增压柴油机，采用双机并车。电力供应则交给5台2500千瓦的卡特彼勒（Caterpillar）SSDG柴油主发电机。“圣安东尼奥”级的推进系统使用新设计来提高航速性能，这个性能是通过压榨发动机的极限性能指标而达成的，所以之后问题重重，调整工作也十分困难。

● 电力推进技术的优点

吊舱推进器

电力推进是用电动机直接带动螺旋桨推动舰船航行的推进方式，适用于水面舰船和潜艇，与传统推进方式相比，具有以下突出优点：①容易实现对发电机及电动机的远距离电气控制（启动、停止、调速等）；②可选择不同功率、不同种类的发电机、电动机及附属设备来构成各种形式的主回路，以获得大功率输出；③原动机与螺旋桨之间无刚性连接，避免了原动机的冲击、振动传到螺旋桨，同时原动机可以布置在舰船的不同位置；④原动机不必反转，依靠电动机反转就可以使螺旋桨长时间稳定、额定或低速地转动，具有较好的机动性。除此之外电力推进系统耗油量低，这意味着提高了舰船的续航力，降低了舰船自身噪声，提高了舰船的隐蔽性。

近年来，越来越多的国家在船坞登陆舰上采用了电力推进系统。根据电力推进系统易布置、调速性能好、控制方便等特点，比较适用于船坞登陆舰和船坞运输舰。美国海军“美国”级两栖攻击舰采用了柴电燃联合推进装置（CODLAG），这种推进方式安静性能好、推进效率高、启动运转速度快，是未来大型水面舰艇动力的发展趋势。采用这种推进方式的还有西班牙“胡安·卡洛斯一世”号两栖攻击舰。

为什么大型两栖战舰都装有指挥控制系统

登陆作战是最复杂、最困难的作战形式之一，其对抗性很强（登陆与抗登陆的对抗），动用的兵力和装备规模大、种类多。一般来说，两栖编队是由两栖战舰编队和各种作战飞机及海军陆战队组成的一种诸兵种合成部队，要完成登陆任务需要海、陆、空多方兵力协同作战。两栖编队的作战海域范围半径达数百千米，从水下到天上、到陆地，涉及的节点多，传感器多，通信网络多，电子设备多，这就需要借助于C3I系统使编队形成一支统一指挥的、综合作战效能远远大于单舰的合成海上部队。海上舰艇编队指挥控制系统是舰艇编队C3I系统的核心，其主要起到编队指挥控制中心的作用。因此，在现代的大型两栖战舰上都装有多种指挥控制系统。目前，较具有代表性的是美国“黄蜂”级两栖攻击舰和“圣安东尼奥”级船坞运输舰上的SSDS作战指挥控制系统等。

两栖编队指挥控制系统都包括哪些主要技术

两栖编队指挥控制系统的关键技术包括信息保障技术、兵力与平台指挥引导技术、武器控制与协调技术、辅助指挥技术、登陆作战指挥舰岸转移和相互备用技术等。

● 信息保障技术

两栖编队通过其指挥控制体系及通信系统收集处理上级指挥所、友邻编队与登陆部队指挥所、空中部队指挥所、本编队海上战术平台、登陆作战平台的全球和两栖作战区内海上、空中、濒海目标态势，并形成两栖作战区统一作战

两栖作战指挥中心

态势图，向两栖编队各级分发。美军两栖编队能通过海军全球指挥控制系统（GSSC-M）舰上指挥节点、各型数据链及卫星通信系统获取岸基上级系统、友邻其他军兵种、友邻编队实时数据和作战图像，从而具备全球范围内战略、战役信息收集处理能力。

● 兵力与平台指挥引导技术

两栖编队的战术空中控制中心能对各种空中作战平台（各型固定翼飞机、旋翼机）进行指挥引导和协同控制，指挥引导作战区范围内的两栖编队空中平台的数量与作战半径相适应。当两栖作战区较大时，两栖编队通常分区设立战术空中控制分中心。美军两栖编队的两栖攻击指挥系统（AADS）能对平面登陆的各型气垫艇、登陆艇、两栖车辆、登陆场内的登陆部队的各作战单元实现超视距的指挥引导，并与承担垂直输送任务的各型运输直升机进行协同。

● 武器控制与协调技术

武器控制与协调技术主要实现两种功能：一是对武器打击远程目标指示与引导能力、多武器对岸火力准备与火力支援协调能力，依靠海军火力网（NFN）实现。登陆部队指挥所和作战单元对舰载火力（含对地导弹、舰炮）、航空火力具有召唤、目标指示、射击效果评估等能力。舰载支援兵器协调中心具备对舰炮、舰载导弹、航空火力以及登陆部队炮兵火力的协调能力，具备与战术空中控制中心的协同能力。二是对编队防空武器的控制与协调能力，依靠协同交战能力（CEC）系统实现，具备编队对空武器的协同共用功能。该系统能融合编队各平台传感器的信息，形成单一的，具备火控质量的空中目标合成航迹并在编队内进行分发，能进行编队对空协同交战决策，具有提示交战、远程/合成数据交战、远程发射交战和前传交战4种对空武器协同运用方式。

● 辅助指挥技术

辅助指挥技术帮助形成辅助指挥能力，包括辅助战术决策与作战计划拟定，各种作战用图标绘，作战文书拟制、收发、管理，作战命令下达等。根据网络中心战具备的基本功能，美军两栖编队具备跨平台战术决策与作战计划拟定功能。以两栖突击作战为例，美军两栖编队的作战决策与作战计划工作包括确定攻击目标、选择登陆地域、初步确定登陆场、初步确定登陆滩头、选择登陆日和登陆时刻等。

整合多种指挥控制系统的新型两栖舰艇

- **登陆作战指挥舰岸转移和相互备用技术**

美军两栖作战条令规定，两栖作战的指挥权包括对登陆部队的指挥控制、空中作战指挥控制、两栖作战火力准备与火力支援的指挥控制，且应逐渐由舰向岸转移，当两栖登陆部队和空中兵力在岸上建立相应的指挥所后，两栖作战指挥权应全部转移到岸上。同时，当作战指挥权转移到岸上后，舰载的支援兵器协调中心、战术空中控制中心、舰载登陆部队指挥中心应继续运作，充当岸基各相应指挥所的备用指挥所。

为什么大型两栖舰船的舰载机航空保障工作很重要

大型两栖舰合理布置飞行甲板、转运机械、机库，有序调度舰载机是最大限度地发挥舰载机的使用效能的关键。尽管大型两栖舰不需要固定翼飞机起降的长跑道、弹射装置和阻拦装置，但为搭载更多的舰载机，需要舰载机折叠旋翼，起飞前要进行加油、充电、挂弹作业，降落后需进行检查维护，进库前要折叠旋翼，固定旋翼，要定期对发动机和机身进行清洗，作业流程非常严格，保障工作强度大，无论对装备设计还是舰员使用都提出了很高的要求。为此，大型两栖战舰重点发展的主要方向包括与舰载机起飞回收相关的舰载机精确着舰引导系统、激光雷达指示系统、先进旋转翼飞机回收系统、甲板摇摆预测与补偿技术、着舰辅助显示系统、人机接口与舰船集成技术等；与安全相关的防火、人员防护等技术。

舰载机起飞流程及关键技术

美国两栖攻击舰搭载的直升机或固定翼舰载机在起飞前，需要确保各个保障环节均严格部署到位。各环节到位后，第一步进行舰载机起飞前的初始飞

两栖舰繁忙的飞行甲板

行控制（PriFly），初始飞行控制阶段将负责与航空管制中心/直升机指挥中心（ACOO/HDC）以及战斗物资指挥员进行沟通协调，以确保飞行甲板上的直升机处于可起飞的状态；第二步要确保通信设备运转正常，初始飞行控制阶段需要调用大量通信终端，其中包括内部通信终端和外部通信终端；第三步是确保光学助降设备和甲板指示灯工作正常；最后要进行直升机起飞前状态的确认，按照状态的不同，直升机起飞前状态可以分为Ⅰ、Ⅱ、Ⅲ、Ⅳ4个等级，其中状态Ⅰ允许飞机随时待命起飞；状态Ⅱ表示飞行员不在机上，飞机状态完好，可在15分钟内起飞；状态Ⅲ、Ⅳ表示直升机的状态需要调整，可分别在30分钟和60分钟内起飞。对于美国海军两栖攻击舰来讲，塔拉瓦级LHA的飞行甲板一般设置有10个飞机停放点，而“黄蜂”级LHD则一般设置有9个飞机停放点。

按照搭载舰载机的种类不同，两栖攻击舰舰载机起飞可分为直升机起飞与垂直/短距起降飞机起飞两种方式。直升机起飞技术包括可视气象条件起飞与仪表辅助起飞两种。其中，可视气象条件起飞主要用于天气状态允许条件，同时仪表辅助起飞系统无法控制预飞集结点的情况。起飞时，舰载直升机应保持在95米飞行高度以下或初始飞行可控区域内，之后飞往集结点飞行，应按照中队部署战术实施。如果天气能见度在1英里（1609米）以下，直升机起飞后高度应保持在云层之下，如果气象条件允许，可正常执行飞行任务，否则将采取仪表辅助起飞过程。仪表辅助起飞主要用于可视起飞无法实施的恶劣海况条件下舰载机起飞。直升机起飞间隔将不超过1分钟，垂直爬升高度为150米，飞行曲线截距4800米。到达预定起飞半径范围后，按照预先方案爬升至指定高度。

舰载机降落流程及关键技术

舰载机在向两栖攻击舰飞行甲板降落之前，需要确认飞机自身的结构状态、燃油状态和挂载弹药状态，然后与航空控制中心/直升机指挥中心沟通，等待降落指令，同时提供以下信息：飞机呼叫信号、与母舰的相对位置、高度、燃油状态（可持续飞行的具体时间，精确到分）以及机上人员状态。同时，航空控制中心/直升机指挥中心将反馈以下信息：预计进场时间、指挥官指令（非必须）、飞行方向、回收预计所需时间、高度计设置、风速天气时间等信息、空管区域清场信息。美国海军将舰载机降落按天气与海况分为三个等级，采用模式主要包括德尔塔与查理模式、仪表着舰引导、光学辅助着舰引导模式等。

各海军强国在研的新型两栖战舰舰载机着舰引导系统中，最值得关注的是美国国防部基于全球定位系统（GPS）研制的联合精确进场与着舰/陆系统（JPALS）。该系统将应用于所有军种飞机的进场与着舰/陆引导。JPALS系统的海军型称之为SRGPS，是美国“福特”级航母重点研发的关键技术之一。SRGPS系统将采用GPS定位和数据链通信，可实现对现役舰载机和正在规划的舰载无人机的进场控制和着舰引导。SRGPS通过双信道数据链为200海里范围内的飞机提供精确的进场与着舰引导。

此外，DRS技术公司为美国海军研制了舰载机着舰模拟成像系统（VISUAL），装备于美国海军航母以及两栖攻击舰上。VISUAL系统采用先进的前视红外技术，利用图像以及复杂的跟踪算法来确定固定翼飞机进场着舰过程中的距离、姿态、类型和下降动力性能，改善各种飞机在航母上的降落能力。此外，该系统还能向信号指挥官提供舰艇数据，以便获取准确的指挥信号，更快地调整飞机回收设备。

装备物资调运与岸舰连接工作很重要

大型两栖战舰的“均衡装载”和“多用途化”设计理念使得舰内装载的装备物资多种多样，包括直升机、登陆艇和各种坦克车辆，以及人员、生活物资等。这些装备、物资和人员的数量庞大，设计有效的输转通道格外重要，包括舰内－舰外、母舰－登陆艇、舰内大舱之间和大舱内部的调运等。舱内的调运可以采用行车、牵引车等，大舱之间需设置斜坡板、升降电梯等，装备的投送则要依靠尾门、侧门等多点同时投送，直升机在飞行甲板可单点或多点起降。输转系统应能确保登陆装备快速、安全地上下舰，并通过简捷畅通的转运线路就位、离舰。

在两栖作战中，大型两栖战舰一般不能直接抢滩，主要依赖登陆艇和直升机运送装备、人员到岸上，直升机主要起到空中保护、运载轻型装备、人员的作用，重型装备如主战坦克等，主要依赖登陆艇运送，经抢滩登陆后输送上岸，从而形成登陆作战能力。

大型两栖战舰垂直投送

第一，大型两栖战舰在距岸一定距离时，依靠气垫登陆艇、通用登陆艇或直升机等运载装备，实施登陆作战。除直升机和登陆艇外，陆战装备的装卸和转运都是通过自身的动力以滚装的方式自行进行，这些装备可以在码头上装卸，也可以在海上装卸，并需要保证装备能在舰内各舱（库）之间的转运。大型两栖战舰一般都设有坞舱、车库、直升机库，陆战装备装载布置需要解决大

将主战坦克送至滩头的LCAC登陆艇

型两栖战舰的装载能力、装载模式以及各种典型装载模式下的最佳装载布置方案的协调。

第二，大型两栖战舰装载的陆战装备类型和数量多，转运区域包括坞舱、车库、直升机库、飞行甲板，转运作业复杂，需要解决在码头或海上的装卸载作业流程，包括陆战装备进出坞舱以及在舰内（坞舱、车库、直升机库、飞行甲板）的转运路线、转运流程等。同时，影响大型两栖战舰装卸载作业的因素很多，在确定陆战装备装卸载作业流程时应综合考虑陆战装备自身的性能、码头状况、外部输转设备的性能、舰艇自身的状态、潮差等因素。

第三，陆战装备大都是以滚装方式自行驶上、驶下，为了便于装载和装备在舰内的转运，按照陆战装备装载布置和装卸载作业流程，需要配置相应的输转设备，包括外部输转设备和内部输转设备。外部输转设备包括尾门／跳板、舷侧门／跳板等，内部输转设备包括斜坡板、舱壁门、直升机升降机、车辆升降机等。大型两栖战舰的输转设备除了在码头作业外，还需要在海上作业，承受较高海况下的附加载荷。如尾门/跳板在海上开启泛水，两栖车辆和登陆艇通过尾门/跳板进出坞舱，除承受车辆载荷外，尾门/跳板还需要承受较大的波浪载荷。

为什么登陆艇是岸舰连接技术的重点发展方向

近年来，为了改进并提高两栖登陆和濒海作战能力，实现“超地平线登陆”“由海向陆攻击”和“舰到目标机动”等新兴登陆作战理论，建立“海上基地”连接器，发展航速高、装载量大、耐波性好，可以在两栖战舰与登陆滩头之间实施快速运输和登陆的登陆艇，是各国海军近年来重点发展的一项技术。

常规登陆艇为宽扁吃水型，航速为10～12节，很容易遭到敌人炮火的袭击，登陆艇必须在满足坞内停放的主尺度和浅吃水等限制条件下，尽量提高装载能力和快速性。如法国CNIM公司研制的新型坦克登陆艇L-CAT，融合了双体船和平底船的特点，全长30米，有效载荷110吨，采用喷水推进，满载航速可达20节。美国研制了LCU-1700型通用登陆艇，继续保持了通用登陆艇装载量大（170吨）、结构简单的特点，航速适当提高。

此外，区别于常规登陆艇以外的高速登陆艇，例如包括气垫登陆艇，也是实现快速登陆的重要工具。目前，比较具有代表性的大型登陆艇包括美国海军采用的全垫升气垫登陆艇LCAC，以及正在研制的SSC岸舰连接器。

大型两栖战舰的坞舱沉浮控制技术和环境控制

大型两栖战舰一般要在3级或4级风浪下实现沉浮作业和气垫登陆艇、通用登陆艇等的进出坞，保障各种兵力和装备有序调运、互不干扰。坞舱沉浮技术和坞舱环境的控制技术非常重要。

“圣安东尼奥”级坞舱注水测试

大型两栖战舰的坞舱沉浮控制技术要求是什么?

舰船浮态调整一般是通过注排压载水或对压载舱内水进行前后、左右调拨而实现的。为了使不同装载时具有合适的浮态，舰艇一般都设有压载系统。对于两栖攻击舰、船坞登陆舰等设有坞舱的舰艇，其浮态调整的要求远远超过其他舰艇，不仅艇体吃水变化范围大，压载水量多，需要大容量的压载泵，而且在船体下沉和上浮过程中，需要充分考虑稳性随压载水量增减及吃水变化而产生的变化，必须对这个过程进行细致的分析计算，确保作业安全；尽量缩短作业时间，综合考虑影响沉浮作业时间的因素，如注排水的方式、压载泵容量的大小、压载管路的长度、管径大小、阀件的数量和形式等。

大型两栖战舰压载系统的注排水方式主要有3种：压载泵排水、重力浸水注水、压缩空气排水。注水通常采用重力浸水或压载泵注水，排水采用压载泵或压缩空气排水，可根据舰船的具体要求和侧重点选择不同的注排水方式。目前的大型两栖战舰常采用重力浸水、压缩空气排水，以提高下沉和上浮速度，如美国的“塔拉瓦”级两栖攻击舰的注水时间为15～30分钟，排水时间为20～50分钟。

大型两栖战舰的坞舱环境控制技术要求是什么?

坞舱环境控制技术主要包括两方面：一方面，采取消波技术，控制登陆艇进出坞时引起的坞内水波，通常可设水闸系统或波浪吸收器；另一方面，需对气垫登陆艇进出坞舱时在坞舱内引起的高温、有毒有害气体和高噪声，采取通风降温和降噪措施。

下沉作业时坞舱内产生波浪有两方面的原因。一方面，坞外海面的波浪会通过坞门传至坞内。坞内的吃水较浅，一般仅为1～2米，浅水效应将使得波浪在坞内放大。另一方面，坞内小艇的快速装卸载和穿插航行也会引起坞水起伏，坞内的波浪可引起小艇的剧烈运动，影响小艇的操纵、快速引带和装卸。因此，需要对坞水的运动进行模拟试验，采取有效的消波措施，通常可设水闸系统或波浪吸收器。水闸系统由一系列纵横舱壁组成，平时收起，需要时转立

士兵在坞舱中登上登陆艇

起来成为水闸，将坞舱分割成几块独立的水域从而控制波浪的传播，同时也成为小艇的临时码头。波浪吸收器装在坞舱的前跳板上效果较好，如法国“西北风”级两栖攻击舰就采用了这种方式，两侧坞舱壁上也可采取一定的碎波措施。

气垫登陆艇通常采用燃气轮机和空气螺旋桨，其排气温度可达400℃以上，排气中通常含有大量的一氧化碳和一氧化氮等有害气体，空气螺旋桨的噪声也比较大，在不采取任何措施的情况下，坞舱局部温度可达260℃以上，因此气垫艇进出母舰时，如不采取有效措施，坞舱内人员和设备将暴露在高温、有毒和高噪声的恶劣环境中，从而严重影响人员、设备和气垫艇本身的正常工作，甚至会影响到与坞舱相连的车辆舱等其他舱室。可采用通风和局部喷雾降温等方式解决坞舱高温和有害气体排放问题，并需要进行气流组织和温度场的数值仿真计算和模型试验等，以保证通风降温效果。同时，气垫艇进出坞时，通常不允许人员在坞舱内活动。